C 语言程序设计项目教程

主　编　侯聪玲　杨燕明
副主编　黄丽英　陈少伟
　　　　赵连娜　龙涛元

U0344204

中南大学出版社
www.csupress.com.cn

前　言

　　本书是专为高职高专院校学生编写的 C 语言学习教程。根据高职高专人才培养的目标，本书以实用为主，知识够用为原则，对一些理论性太强或者不太实用的内容做了一定的处理。把每个章节的知识点进行提炼升华，同时在书中习题部分把知识点进行标注强调，重点突出，详略得当，使学生较容易掌握每部分的重点难点，轻松易学。

　　本书教学内容安排合理，重点讲解 C 语言结构化程序设计的基本思想、方法和解决实际问题的技巧，培养学习者设计、分析应用程序的能力和良好的编程习惯。全书共分 8 个项目：C 语言基础知识项目、C 语言运算符、C 语言顺序程序设计、选择结构程序设计、循环结构程序设计、利用函数进行模块化程序设计、数组、指针。

　　本书各章节主要按以下形式组织：

　　本章要点：为学生明确本章的学习目标，为教师明确教学目标。

　　知识点：总结本章所有知识点，方便学生学习，教师讲解。

　　章节内容：将知识点和例题有机融合，活学活用，同时配备大量的教学实例，理论和上机练习紧密结合，从而使 C 语言知识学习不再枯燥无味。

　　本章小结：总结本章重要知识，有助于学生整理复习。

　　习题：进一步巩固与掌握本章知识。

　　本书提供教学案例集，包括全书各章节的习题答案。所有源代码均在 Visual C ++6.0 环境下运行。有需要的读者可以直接从中南大学出版社网站下载。

　　本书编写成员均是教学一线的专任教师，有多年丰富的授课经验。本书由广东工贸职业技术学院侯聪玲和杨燕明共同担任主编，广东工贸职业技术学院黄丽英、陈少伟和赵连娜，中山火炬职业技术学院的龙涛元担任副主编。其中，侯聪玲完成第 1、2 章编写，杨燕明完成第 6 章编写，黄丽英完成第 7、8 章编写，陈少伟完成第 3、5 章编写，赵连娜完成第 4 章编写，龙涛元参与了第 3、4、5 章编写。同时邀请熊尚坤高级工程师审稿，侯聪玲统稿，确保教材的实用性和正确性。

　　由于编者水平有限，书中疏漏与差错之处在所难免，恳请读者批评指正。

目　录

项目一　C 语言入门

【本章要点】

C 语言因其简洁、使用方便且具备强大的功能备受编程人员的青睐。C 程序主要是由函数构成的，其使用软件主要有 Visual C ++ 和 WIN – TC。

1.1　C 语言的发展和特点

1.1.1　C 语言的发展

知识点：了解和掌握 C 语言的发展。

C 语言是国际上广泛流行的计算机高级语言，因其简洁、使用方便且具备强大的功能而备受编程人员的青睐。

C 语言是在 B 语言的基础上发展起来的。1963 年，剑桥大学将 ALGOL 60 语言发展成为 CPL(Combined Programming Language)。随后，剑桥大学的 Martin Richards 对 CPL 语言进行简化，产生 BCPL(Basic Combined Language)语言。1970 年，美国贝尔实验室的 Ken Thompson 以 BCPL 语言为基础，设计出很简单且很接近硬件的 B 语言(取 BCPL 的首字母)，并用 B 语言写了第一个 UNIX 操作系统。1972 年，美国贝尔实验室的 D. M. Ritchie 在 B 语言的基础上设计出一种新的语言，他取 BCPL 的第二个字母作为这种语言的名字，这就是 C 语言。1973 年初，C 语言的主体完成。

1978 年 Brain W. Kernighian 和 Dennis M. Ritchie 出版 *The C Programming Language*。这本书介绍的 C 语言被称为后来广泛使用的 C 语言版本的基础，被称为标准的 C。

1983 年美国国家标准协会(ANSI)制订了一套 ANSI 标准，简称 ANSI C。1987 年，ANSI 又公布了新标准——87 ANSI C。1990 年，国际标准化组织 ISO(International Standard Organization)接受 87 ANSI C 为 ISO C 的标准(ISO 9899—1999)。目前流行的 C 编译系统都是以它作为基础。

1.1.2　语言的特点

知识点：掌握 C 语言的 8 大特点。

C 语言从出现、发展、标准的制定到目前备受青睐，是和它强大的优点密不可分的。C 语言的主要特点如下：

(1)语言简洁、紧凑，使用方便、灵活。

C 语言一共有 37 个关键字(见附录 B)、9 种控制语句，程序书写形式自由，主要用小写字母表示，压缩了一切不必要的成分。

（2）运算符丰富。

C 语言的运算符包含的范围很广泛，共有 34 种运算符。C 语言把括号、赋值、强制类型转换等都作为运算符处理，从而使 C 语言的运算类型极其丰富，表达式类型多样化。灵活使用各种运算符可以实现在其他高级语言中难以实现的运算。

（3）数据类型丰富。

C 语言提供的数据类型有：整型、浮点型（实型）、字符型、数组类型、指针类型、结构体类型、共用体类型等，能用来实现各种复杂的数据结构（如链表、树、栈等）的运算。尤其是指针类型数据，使用十分灵活和多样化，程序效率更高。

（4）C 语言是完全模块化和结构化的语言。

具有结构化的控制语句（如 if...else 语句、while 语句、do...while 语句、switch 语句、for 语句）。用函数作为程序的模块单位，便于实现程序的模块化。

（5）语法限制不太严格，程序设计自由度大。

一般的高级语言语法检查比较严，能检查出几乎所有的语法错误，而 C 语言允许程序编写者有较大的自由度，因此放宽了语法检查。例如，对数组下标越界不做检查；对变量的类型使用比较灵活（整型量与字符型数据以及逻辑型数据可以通用）。程序员应当仔细检查程序，保证其正确，而不能过分依赖 C 语言编译程序去查错。"限制"与"灵活"是一对矛盾。限制严格，就失去灵活性；而强调灵活，就必然放松限制。一个不熟练的人员，编一个正确的 C 语言程序可能会比编一个其他高级语言程序难一些。也就是说，对用 C 语言的人，要求对程序设计更熟练一些。

（6）C 语言允许直接访问物理地址，允许进行位（bit）操作。

可以实现汇编语言的大部分功能。因此 C 语言既具有高级语言的功能，又具有低级语言的许多功能，既可用来编写系统软件，又可用来编写应用软件。

（7）生成目标代码质量高，程序执行效率高。

C 语言程序比其他高级语言执行效率高，它只比汇编程序生成的目标代码效率低 10% ~20%。

（8）用 C 语言编写的程序可移植性好。

用 C 语言编写的程序基本上不做修改就能用于各种型号的计算机和各种操作系统，因此几乎在所有的计算机系统中都可以使用 C 语言。

由于 C 语言的这些优点，使 C 语言应用面很广。C 语言成了学习和使用人数最多的一种计算机语言，熟练掌握 C 语言成为计算机开发人员的一项基本功。

1.2　C 语言程序结构

知识点 1：C 程序主要是由函数构成的，函数是 C 程序的基本单位。

知识点 2：一个 C 源程序必须有一个 main 函数，可以包含一个 main 函数和若干个其他函数。

知识点 3：主函数可以调用其他函数，其他函数之间可以互相调用，但其他函数不能调用主函数。被调用的函数可以是系统提供的库函数（例如 printf 和 scanf 函数），也可以是用户根据需要自己编制设计的函数。

知识点4：一个函数由两部分组成：

（1）函数首部。即函数的第1行，包括：函数名、函数类型、函数参数（形式参数）名和参数类型。

（2）函数体。函数首部下面的花括号内的部分。如果一个函数内有多个花括号，以最外层的一对花括号为函数体的范围。函数体一般包括以下两部分：

①声明部分。在这部分中包括对有关的变量和函数进行声明（declare），将有关的信息告诉编译系统。声明部分是由若干声明行组成的，他们不是C语句，只在程序编译时起作用，影响数据存储，而不会生成目标代码，在程序运行期间不产生任何操作。

②执行部分。由若干个语句组成。C语句是可执行语句，经编译生成目标代码，在程序运行期间执行相应的操作。

当然，在某些情况下也可以没有声明部分，甚至可以既无声明部分也无执行部分，称其为空函数。

知识点5：一个C程序总是从main函数开始执行的，而不论main函数在整个程序中的位置如何（main函数可以放在程序最前头，也可以放在程序最后，或在一些函数之前，或在另一些函数之后）。

知识点6：C程序书写格式自由，一行内可以写几个语句，一个语句可以分写在多行上。

知识点7：每个语句和数据声明的最后必须有一个分号。分号是C语句的必要组成部分。

知识点8：C语言本身没有输入输出语句。输入和输出的操作是由库函数scanf和printf等函数来完成的。

知识点9：可以用"//"对程序做注释。注释是用来对程序的某一行或程序段（包含若干行）的作用作解释或说明。注释不被编译，不生成目标程序，不影响程序运行结果。

【例1.1】　利用C语言求两个整数的和。

```c
#include <stdio.h>
void main()   // C程序主要是由函数构成，知识点1；必须有一个main函数，知识点2
{
    int m, n, sum; //声明部分，知识点4
    m = 38, n = 216; //每个语句后面必须有一个分号，知识点7
    sum = m + n;
    printf("sum is %d\n", sum); //输出操作由库函数完成，知识点8
    return 0;
}
```

【例1.2】　void dump()　//void是空的意思，表示dump函数无类型，即函数没有函数值，知识点4

```c
{ }
```

【例1.3】　求两个整数中较小的数。

```c
#include <stdio.h>
void main()   //知识点1，知识点2
```

```
{
    int a, b, c;  //声明部分，知识点 4
    int min(int x, int y);    //对 min 函数声明，知识点 4
    scanf("%d, %d", &a, &b);  //输入操作由库函数完成，知识点 8
    c = min(a, b);            //调用 min 函数，知识点 3
    printf("min = %d\n", c);  //输出操作由库函数完成，知识点 8
}
int min(int x, int y)  //一个 C 源程序可以包含 main 函数和若干个其他函数，知识点 2;
                       //函数首部，定义 min 函数，函数值为整数，形式参数 x，y 为整数，
                       //知识点 4
{
    int z;            //声明部分，知识点 4
    if (x < y) z = x;
    else z = y;
    return (z);
}
```

1.3 Visual C++开发软件

知识点 1：掌握 Visual C++软件的使用。

1.3.1 Visual C++软件介绍和安装

C 源程序可以在 Visual C++集成环境中进行编译、连接和运行。本书以 Visual C++ 6.0 为背景介绍上机操作。

首先，安装 Visual C++ 6.0。安装结束后，需要使用该软件时，在 Windows 选择"开始" →"程序"→Microsoft Visual Studio 6.0→Microsoft Visual C++ 6.0 即可。

在 Microsoft Visual C++ 6.0 主窗口顶部是主菜单栏，见图 1.1 所示，包括 9 个菜单项：文件、编辑、查看、插入、工程、组建、工具、窗口、帮助。主窗口的左侧是项目工作区窗口，右侧是程序编辑窗口。工作区窗口用来显示所设定的工作区的信息，程序编辑窗口用来输入和编辑源程序。

1.3.2 Visual C++软件使用和设计方法

1. 新建一个 C 源程序

(1)在主窗口的主菜单栏点击文件(File)，然后在其下拉菜单中点击新建(New)，出现如图 1.2 所示。

单击此对话框的左上角的文件选项卡，选择 C++ Source File 选项，建立新的源程序。在图 1.2 的右边输入文件名，注意：文件名一定要添加后缀.c。在位置栏目输入源程序的存储路径，点击确定。例如：本文输入文件名：test.c，位置：F:\TEST，点击确定后，出现如图 1.3 所示。

可以看到，图 1.3 程序编辑窗口已激活，输入和编辑源程序。点击左上角"文件"→"保

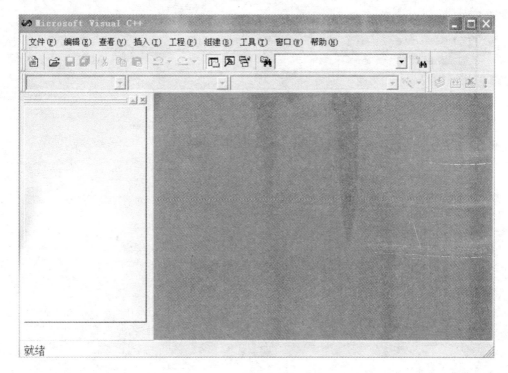

图 1.1

图 1.2

图 1.3

存"或"另存为",左下部显示该程序已保存,右下部显示当前光标在第 6 行,第 2 列。

2. 编译、链接和运行

在编辑和保存源文件后,对该源文件进行编译,单击主菜单栏中的"组建"→"编译",弹出图 1.4。

图 1.4

屏幕上出现一个对话框"This build command requires an active project workspace. Would you like to create a default project workspace?"(此编译命令要求一个有效的项目工作区,你是否同意建立一个默认的项目工作区?)。点击是(Y),表示同意由系统建立默认的项目工作区,然后开始编译。进行编译时,编译系统检查源程序中有无语法错误,在主窗口下部的调试信息窗口输出编译信息,如果有误,就指出错误的位置和性质,如图1.5所示。一般来说,语法错误分两类:一是致命错误,用 error 表示,这类错误通不过编译,无法形成目标程序,更谈不上运行;另一类是轻微错误,用 warning(警告)表示,这类错误不影响生成目标程序和可执行程序,但有可能会影响运行的结果,也应当改正。

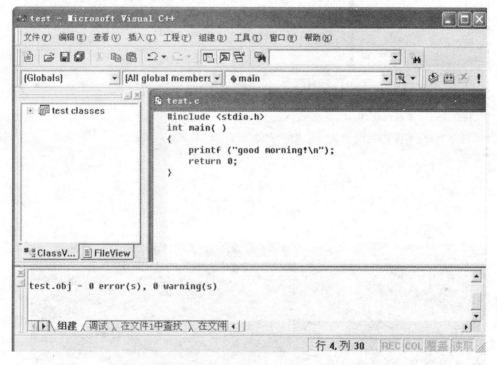

图 1.5

图 1.5 显示 0 个 error,0 个 warning,得到目标程序 test. obj,然后可以进行连接。编译系统据此确定在连接后生成名为 test. exe 的可执行文件。点击"组建"→"组建【test. exe】",完成连接工作,形成图 1.6。

在得到可执行文件 test. exe 后,就可以直接执行。点击"组建"→"! 执行【test. exe】",弹出图 1.7 屏幕,显示运行结果。第 2 行"Press any key to continue"并非程序指定的输出,而是 Visual C ++ 在输出完运行结果后由 Visual C ++ 6.0 系统自动加上的一行信息,通知用户"按任意键以便继续"。当按下任意键时,输出窗口消失。

回到主窗口,可以继续对源程序进行修改。

图 1.6

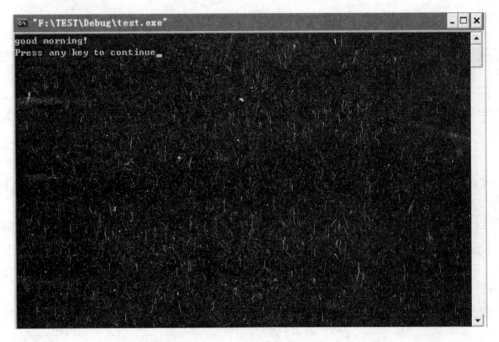

图 1.7

1.4　WIN - TC 开发软件

知识点 1：掌握 WIN - TC 软件的使用。

1.4.1　WIN - TC 软件介绍和安装

C 源程序可以在 WIN - TC 集成环境中进行编译、连接和运行。本书以 WIN - TC 为背景介绍上机操作。

首先，安装 WIN - TC。安装结束后，在桌面双击 即可。

在 WIN - TC 主窗口顶部展示的是主菜单栏，包括 5 个菜单项：文件、编辑、运行、超级工具集、帮助。主窗口是程序编辑窗口，用来输入和编辑源程序，见图 1.8 所示。

图 1.8

1.4.2　WIN - TC 软件使用和设计方法

1. 新建一个 C 源程序

在主窗口左上角点击 图标新建(New)。

2. 保存新建 C 源程序

点击新建图标右侧的保存图标 ，生成如图 1.9 所示的界面。

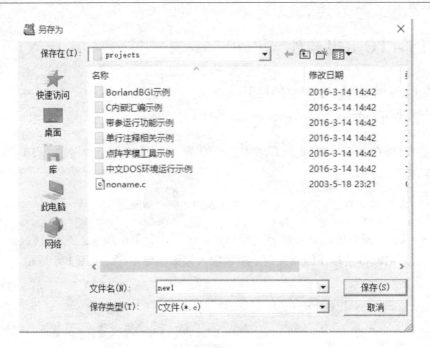

图1.9

在图 1.9 另存为界面中选择要 C 源程序存放的位置，并在文件名命名该程序。

3. 编写并运行一个简单的程序

编写如图 1.10 所示简单的加法程序后，点击工具栏中 ▣ 快捷键，提示"恭喜，编译成功"。点击确定，会出现最终运行结果，如图 1.11 所示。

```
1  #include<stdio.h>
2  main()
3  {
4  int a,b,c;
5  a=1;
6  b=2;
7  c=a+b;
8  printf("%d",c);
9  getch();
10 }
```

图1.10

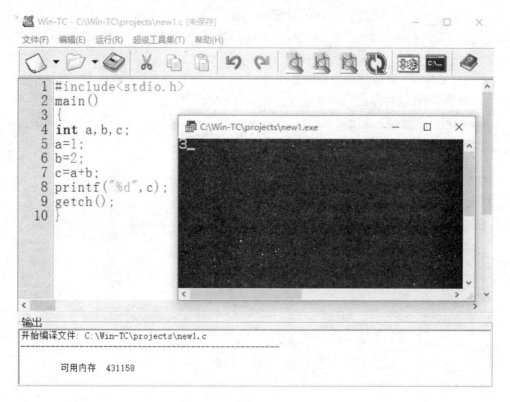

图 1.11

本章小结

(1) C 语言是目前世界上使用最广泛的计算机语言,因其简洁、使用方便且具备强大的功能使其成为程序设计人员需掌握的一项基本功。

(2) 函数是 C 程序的基本单位,一个 C 源程序必须有一个 main 函数,可以包含一个 main 函数和若干个其他函数。

(3) C 程序书写格式自由,一行内可以写几个语句,一个语句可以分写在多行上。

(4) 主函数可以调用其他函数,其他函数之间可以互相调用,但其他函数不能调用主函数。被调用的函数可以是系统提供的库函数(例如 printf 和 scanf 函数),也可以是用户根据需要自己编制设计的函数。

(5) 每个语句和数据声明的最后必须有一个分号。

(6) 可以用"//"对程序做注释。注释是用来对程序的某一行或程序段(包含若干行)的作用作解释或说明。注释不被编译,不生成目标程序,不影响程序运行结果。

(7) C 语言使用软件主要有 Visual C ++ 和 WIN – TC,要熟练掌握上机步骤。

习 题

1.1　C 语言的特点是什么？

1.2　Visual C++ 软件使用的步骤是什么？

1.3　WIN – TC 软件使用的步骤是什么？

1.4　编写一个程序，输出以下信息：Thank you！

1.5　上机运行本章例 1.1 和例 1.3。

项目二　C语言运算符

【本章要点】

C语言中所有数据都属于一定的类型，数据是以某种特定的形式存在的。数据分常量和变量。C语言包含丰富的运算符，运算符之间有一定的优先级别。

2.1　数据类型

C语言提供了以下数据类型，这些数据类型可以构造出不同的数据结构。

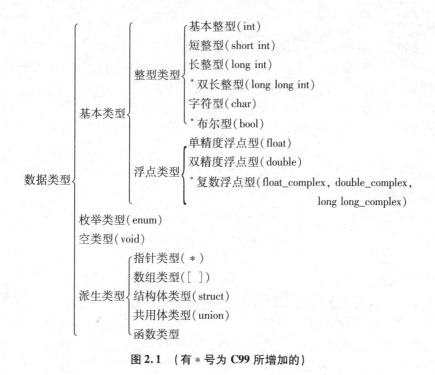

图 2.1　（有 ＊ 号为 C99 所增加的）

2.1.1　常量和变量

常量和变量是程序中的两种运算量。常量是一个有具体值并且该值在程序执行过程中不会改变的量，变量是在程序运行期间可以发生变化的量。

2.1.1.1　常量

知识点 1：常量即常数，即是一个有具体值并且该值在程序执行过程中不会改变的量。

知识点 2：常量包括整型常量、实型常量、字符常量和字符串常量。

常量即常数。C 语言提供的常量有：整型常量、实型常量、字符常量和字符串常量。常量一般以自身的书写形式直接表示数据类型。

1. 整型常量

整型常量即整数。C 语言允许采用十进制、八进制、十六进制书写，一般来说采用十进制。

2. 实型常量

实型常量即实数。实数使用两种方式书写：①小数形式，例如：38.62，0.65，-3.27；②指数形式（又叫科学记数法），其中用字母 e 或者 E 表示 10 的幂次，例如：2.3164e2 表示 231.64，3.8e-6 表示 3.8×10^{-6}。

实型常量通常采用小数形式书写，只有当数值很大或者很小的时候，才使用指数形式。

3. 字符常量

字符常量即单个字符，书写时要用单引号括起来。例如：'m'、'8'、'#'等，这些属于常规字符。还有一些字符比较特殊，不可视或者无法通过键盘输入，例如回车符、换行符等，C 语言采用转义字符表示它们。

4. 字符串常量

字符串常量简称字符串，是使用双引号括起来的一串字符，例如"boy"、"y"等。C 规定：在每个字符串常量结尾加一个"字符串结束标志"，以便系统据此判断字符串是否结束。

【例 2.1】 'd'和"d"有什么区别？

解：两者存储形式不同：

'd'的存储形式：

"d"的存储形式：

d	\0

2.1.1.2　变量

知识点 1：变量指在程序运行期间可以发生变化的量。

知识点 2：变量必须先定义，再使用。

变量指在程序运行期间可以发生变化的量，代表内存中具有特定属性的一个存储单元，它用来存放数据，也就是存放变量的值。在程序运行期间，这些值是可以改变的。一个变量应该有一个名字，以便被引用。变量名实际上是以一个名字代表一个内存地址。在对程序进行编译连接时，由编译系统给每一个变量名分配对应的内存地址。所谓"从变量中取值"，实际上是通过变量名找到相应的内存地址，从该存储单元中读取数据。

变量必须先定义，后使用。在定义时指定该变量的名字和类型，定义变量的一般形式是：

类型名 变量名 = 初值；

可以一次同时定义多个同一类型的变量。如：

```
float m, n;              //定义 m, n 为浮点型变量
int a = 5, b = -12;      //定义 a, b 为整型变量并对 a 和 b 指定初值
```

变量的名字必须符合 C 语言对标识符的规定。标识符就是一个对象的名字。

C 语言规定标识符只能由数字、字母和下划线 3 种字符组成，且第一个字符必须为字母或下划线。编译系统认为大写字母和小写字母是两个不同的字符。因此，total 和 TOTAL 是两个不同的变量名。一般，变量名用小写字母表示。

2.1.2　整型数据

2.1.2.1　整型常量

知识点 1：掌握整型常量三种表达方式。

C 语言中整型常数有三种表达形式：

(1)十进制整数。例如：30，-158。

(2)八进制整数。以数字"0"开头的数是八进制数。如 0253 表示八进制数 253，即 $(253)_8$，转化十进制 $2 \times 8^2 + 5 \times 8^1 + 3 \times 8^0 = 171$。

(3)十六进制整数，以"0x"开头的数是十六进制数。如 0x21，代表十六进制数 $(21)_{16}$，转化十进制 $2 \times 16^1 + 1 \times 16^0 = 33$。

2.1.2.2　整型变量

知识点 1：掌握 4 种整型变量的表达形式。

在 C 语言中常用的有以下几类整型变量：

(1)基本整型：以 int 表示。

(2)短整型：以 short int 表示，或以 short 表示(int 可以省写)。

(3)长整型：以 long int 表示，或以 long 表示。

(4)双长整型：以 long long int 或 long long 表示。这是 c99 增加的。

ANSI C 标准没有具体规定以上各类数据所占内存的字节数，只要求 long 型数据长度不短于 int 型，short 型不长于 int 型。具体如何实现，由各计算机系统自行决定。早期的 C 语言编译系统(如 Turbo C 2.0)给 short 和 int 型数据都分配两个字节(16 位)，对 long 型数据分配 4 个字节(32 位)。近期的编译系统(包括 GCC 和 VC ++)则给 short 型数据分配 2 个字节(16 位)，对 int 和 long 型数据都是分配 4 个字节(32 位)。此时，short 型数据范围是 -32768 ~ 32767，int 和 long 型数据范围是 $-2^{31} \sim (2^{31} - 1)$，即 -2147483648 ~ 2147483647，约正负 21 亿。

不同的编译系统对此的做法是：把 long 定为 32 位，把 short 定为 16 位，而 int 可以定为 16 位，也可以是 32 位。

2.1.3　浮点型数据

2.1.3.1　浮点型常量

知识点 1：掌握浮点型常量两种表达方式。

知识点 2：了解指数形式，掌握规范化的指数形式。

浮点数就是实数。一般有两种表示方式。

（1）十进制小数形式。它由数字和小数点组成（注意必须有小数点）。例如：238.、571.0。

（2）指数形式。例如 364e2 或 364E2 都代表 364×10^2。注意，字母 e（或 E）之前必须有数字，且其之后的指数必须为整数。一个浮点数可以有多种指数表示形式，其中，字母 e（或 E）之前的小数部分中，小数点左边应有一位（且只有一位）非零的数字，称为"规范化的指数形式"。例如：3.64218e4。

2.1.3.2 浮点型变量

知识点 1：掌握浮点型变量三种表达方式。

浮点数类型数据常用的有以下几种：

（1）float（单精度浮点型）；

（2）double（双精度浮点型）；

（3）long double（长双精度浮点型）。

ANSI C 并未具体规定每种类型数据的长度、精度和数值单位。一般的 C 编译系统为单精度（float）型数据分配 4 个字节，为双精度（double）型数据分配 8 个字节。对于长双精度（long double）型，不同的系统的做法差别很大，有的和 double 型一样，分配 8 个字节（如 VC ++6.0），有的分配 16 个字节，也有的分配 10 个字节。

一般占 4 个字节的单精度数据的数值范围为 $10^{-38} \sim 10^{38}$，有效位数为 6 ~ 7 位，占 8 个字节的双精度数据的数值范围为 $10^{-308} \sim 10^{308}$，有效位数为 15 ~ 16 位。占 16 个字节的双精度数据的数值范围为 $10^{-4932} \sim 10^{4932}$，有效位数为 18 ~ 19 位。long double 型用得较少，读者只要知道有此类型即可。

2.1.4 字符型数据

知识点 1：字符常量是用单撇号括起来的一个字符，一般采用 ASCII 代码存储。

知识点 2：字符变量看成是只有一个字节的整型变量，字符型数据和整型数据之间可以通用；字符型数据可以进行运算。

知识点 3：区别字符常量和字符串常量的不同。

2.1.4.1 字符型常量

（1）普通字符

C 语言的字符常量是用单撇号括起来的一个字符。如 'a'、'x'、'D'、'?'、'$' 等都是字符常量。请注意：单撇号只是界限符，字符常量只能是一个字符，不包括单撇号；'a' 和 'A' 是不同的字符常量；字符常量只能包括一个字符，不能写成 'ab' 或 '01'。

各种字符集（包括 ASCII 字符集）的基本集都包括了 127 个字符。其中包括：

字母：大写英文字母 A ~ Z，小写英文字母 a ~ z。

数字：0 ~ 9。

专门符号：! " # & ' ( ) * + , - . / : ; < = > ? [\ ] ^ _ { | } ~。

空格符：空格、水平制表符（tab）、垂直制表符、换行、换页（form feed）。

不能显示的字符：空（null）字符（以 '\0v 表示）、警告（以 '\a' 表示）、退格（以 '\b' 表示）、回车(以′\r′表示)等。

字符常量在计算机中存储时,并不是把字符(如 a, z, #等)本身存放在存储单元中,而是以其代码(一般采用 ASCII 代码)存储的,例如字符′a′的 ASCII 代码是 97,因此,在存储单元中存放的是 97(以二进制形式存放)。

注意:字符′1′和整数 1 是不同的概念,字符′1′只是代表一个形状为′1′的符号,在需要时按原样输出,在内存中以 ASCII 码存储,占 1 个字节,见图 2.2(a);而整数 1 是以整数存储方式(二进制补码方式)存储的,占 2 个或 4 个字节,见图 2.2(b)。

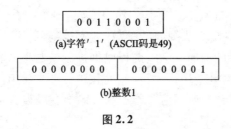

(a)字符′1′ (ASCII码是49)

(b)整数1

图 2.2

(2)转义字符

除了以上形式的字符常量外,C 还允许用一种特殊形式的字符常量,就是以一个字符"\"开头的字符序列。这是一种控制字符,在屏幕上是不能显示的,在程序中也无法用一个一般形式的字符表示,只能采用特殊形式来表示。

常用的以"\"开头的特殊字符见表 2 - 1。

表 2 - 1 常用转义字符

转义字符	含义	ASCII 代码
\n	换行符	10
\t	横向跳格符	9
\b	退格符	8
\r	回车符	13
\f	换页符	12
\\	反斜杠	92
\'	单引号	39
\''	双引号	34

由于字符在计算机里是以 ASCII 码的形式存储的,实际上 ASCII 码值是 0 ~ 127 的整数(见附录 A),因此字符常量也可以参与运算。

例如:'c'+2 字符'c'的 ASCII 码值加 2。

2.1.4.2 字符型变量

用类型符 char 定义字符变量。例如:char c1, c2; //定义 c1 和 c2 为字符型变量,在其中可以存放一个字符。

如果将一个字符常量放到字符变量中，实际上并不是把该字符本身放到变量的内存单元中去，而是将该字符的对应的 ASCII 代码放到变量的存储单元中。

例如：小写字母′a′的 ASCII 代码是十进制数 97，二进制数形式为 1100001。

因为所有 127 个字符都可以用 7 个二进位来表示（ASCII 代码为 127 时，二进制形式为 1111111，7 位全 1），所以给字符变量分配 1 个字节（8 位）足够了。

字符数据以整数形式存储在内存单元中，它和整型变量有什么不同呢？实际上，可以把字符变量看成是只有一字节的整型变量。只是由于它常用来存放字符，所以称它为字符变量。在 C99 中，把字符变量归类在整型变量中，作为整型变量的一种特殊形式。由于它只占一个字节，因此只能存放 0 ~ 255 范围内的整数。这个特点就使字符型数据和整型数据之间可以通用。在输出字符变量的值时，可以选择以十进制整数形式输出，或以字符形式输出。用格式符"% c"按字符形式输出，用格式符"% d"按整数形式输出。以字符形式输出时，系统先将存储单元中的 ASCII 码转换成相应字符，然后输出。以整数形式输出时，直接将 ASCII 码作为整数输出。

同时，字符数据进行算术运算，即按字符的 ASCII 码相加。

【例 2.1】　将字符变量 A 以字符形式输出，将字符变量 B 以十进制形式输出。

```
#include  < stdio. h >
int main ( )
{char x = 65 , y = 66 ;
printf ( "x = % c, y = % d\n", x, y);      // 知识点 2:
return 0 ;
}
```

运行结果：

x = A , y = 66

2.1.4.3　字符串常量

字符串常量是一对双撇号括起来的字符序列。

例如："Monday"，"c"，"325"。

可以用 printf 函数输出一个字符串。

例如：printf("This is my mother");

C 语言规定以字符′\0′作为字符串结束标志。′\0′是一个 ASCII 码为 0 的字符，从附录 A 中可以看到 ASCII 码为 0 的字符是"空操作字符"，即它不引起任何控制动作，也不是一个可显示的字符。如果有一个字符串常量"Monday"，实际上在内存中是：

| M | o | n | d | a | y | \0 |

它占内存单元不是 6 个字节，而是 7 个字节，最后一个字符为′\0′。

注意：在写字符串时不必加′\0′，否则会画蛇添足。′\0′字符是系统自动加上的。

在 C 语言中没有专门的字符串常量，如果想将一个字符串存放在变量中以便保存，必须使用字符数组，即用一个字符型数组来存放一个字符串，数组中每一个元素存放一个字符。这将项目 7 中介绍。

注意：区别字符常量与字符串常量。

例如：请说出字符常量′m′和字符串常量′m′的区别？//知识点3

解：①字符常量′m′使用单撇号括起来；字符串常量"m"是用双撇号括起来。②"m"在内存中实际是：

而'm'末尾没有加'\0'。

2.2　C 语言运算符

知识点 1：了解 13 种运算符。

知识点 2：不同类型的数据间的混合运算主要有两种方式：一种由系统自行进行，另一种称为强制类型转化。

1. C 表达式

数据的运算主要是通过表达式进行的，C 表达式是指把符合 C 语言规定的、用运算符和括号将数据（包括常量、变量、函数）连接起来的式子。例如 $(a+b)*2-c$。

注意表达式的最后没有分号，如"m*2"是表达式，而"m*2;"不是合法的表达式。

C 语言中表达式的概念和数学上的表达式不完全相同，它包括的范围很广。C 语言有以下几类表达式：

算术表达式：如 $3*6-5$。

关系表达式：如 $m>n$。

逻辑表达式：如 a&&b。

赋值表达式：如 $x=38$。

逗号表达式：如 $x=6$，$y=3$，$z=21$（用逗号连接若干个表达式，顺序执行这些表达式，整个逗号表达式的值是最后一个表达式的值，即为 21）。

2. C 运算符

为了构成 C 表达式，需要用运算符，C 语言的运算符有以下几种：

（1）算术运算符（ +　 -　 *　 /　 %　 ++　 -- ）。

（2）关系运算符（ >　 <　 ==　 >=　 <=　 != ）。

（3）逻辑运算符（!　&&　||）。

（4）位运算符（ <<　 >>　 ~　 |　 &　 ∧ ）。

（5）赋值运算符（ = 及其扩展赋值运算符）。

（6）条件运算符（?　 : ）。

（7）逗号运算符（ , ）。

（8）指针运算符（*　&）。

（9）求字节数运算符（sizeof）。

（10）强制类型转换运算符（（类型））。

19

（11）分量运算符（· —>）。

（12）下标运算符（[ ]）。

（13）其他（如函数调用运算符（））。

3. 不同类型的数据间的混合运算

C语言中，不同类型的数据可以混合运算。例如：8+3.5*2-'c'。运算时，不同类型的数据先要转换成同一类型，然后进行运算，转换规则如图2.3所示，这些类型转换由系统自动进行，不需要人工干预。

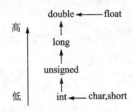

图2.3 数据类型的转换

另外一种数据类型的转换方式为强制类型转换，需要使用强制类型转换运算符，其形式为：（类型名）（表达式）

例如：（float）y　　//将y强制转换成float类型

（int）（a-b）　//将a-b的值强制转换成int类型

（int）m+n　//将m的值强制转换成int类型，再与n相加

2.2.1 算术运算符

知识点1：掌握常用的算术运算符。

知识点2：区别前序运算符和后序运算符不同之处。

2.2.1.1 算术运算符介绍

表2-2 常用的算术运算符

运算符	含义	举例	结果
+	正号运算符（单目运算符）	+a	a的值
-	负号运算符（单目运算符）	-a	a的算术负值
*	乘法运算符	a*b	a和b的乘积
/	除法运算符	a/b	a除b的商
%	求余运算符	a%b	a除b的余数
+	加法运算符	a+b	a和b的和
-	减法运算符	a-b	a和b的差
++	自加	a++, ++a	a的值加1
--	自减	a--, --a	a的值减1

20

注意:

(1)两个实数相除的结果为双精度实数;两个整数相除的结果为整数,如10/3的结果值为3,舍去小数部分。但是,如果除数或被除数中有一个为负值,则舍入的方向是不固定的。例如,-10/3,有的系统中得到的结果为-3,在有的系统中则得到结果为-4。多数C编译系统(如VC++)采取"向零取整"的方法,即10/3=3,-10/3=-3,取整后向零靠拢。

(2)%运算符要求参加运算的对象必须是整数,结果也是整数。如10%3,结果是1。

(3)自增运算符(++)和自减运算符(--)是C语言特有的运算符,其作用是使变量的值递增(加1)或递减(减1)。它们可以作为"前序运算符"出现在运算符的左侧,也可以作为"后序运算符"出现在变量的右侧。

例如:++i,--i前序运算符,使i的值加(减)1,++i的值是i加1后的值。

i++,i--后序运算符,使i的值加(减)1,i++的值是i加1前的值。

【例2.2】 编程区别前序运算符和后序运算符不同之处。

```c
#include <stdio.h>
void main()
{
  int i, j, m, n;
  i = 5, n = 8;
  j = ++i;      //知识点2:前序运算符,执行完毕 j=6, i=6
  m = n--;      //知识点2:后序运算符,执行完毕 m=8, n=7
  printf("i=%d, j=%d, m=%d, n=%d\n", i, j, m, n);
  return 0;
}
```

运行结果:

i=6, j=6, m=8, n=7

2.2.1.2 运算符的优先级和结合性

求解表达式求值时需要考虑运算符的优先级,按运算符的优先级别高低次序执行,例如先乘除后加减。如有表达式 a-b*c,在b的左侧是减号,右侧是乘号,而乘号优先于减号,因此,它相当于 a-(b*c)。如果在一个运算对象两侧的运算符的优先级别相同,如 a-b+c,则按C语言规定的"结合方向"处理。

C语言规定了各种运算符的结合方向(也称为结合性),算术运算符的结合方向为"自左至右",即先左后右。因此求 a-b+c 时,b先与减号结合,执行 a-b 的运算,再执行 +c 的运算。"自左至右的结合方向"又称"左结合性",即运算对象先与左面的运算符结合。有些运算符(如 ++,--)的结合方向为"自右至左",即右结合性。

2.2.2 关系运算符

知识点1:掌握常用的关系运算符。

知识点2:关系表达式的值是一个逻辑值。C语言没有逻辑型数据。在C的关系运算中,以"1"代表"真",以"0"代表"假"。

2.2.2.1 关系运算符及其优先次序

关系运算符指用来进行比较的符号(或比较运算符)。

C语言提供6种关系运算符:

① < （小于）
② <= （小于或等于）
③ > （大于）
④ >= （大于或等于） 优先级相同(高)
⑤ == （等于）
⑥ ！= （不等于） 优先级相同(低)

注意:优先次序的说明:

(1)前4种关系运算符(<,<=,>,>=)的优先级别相同,后2种也相同。前4种高于后2种。例如,">"优先于"==",而">"与"<"优先级相同。

(2)关系运算符的优先级低于算术运算符。

(3)关系运算符的优先级高于赋值运算符。

算术运算符 ↑(高)

关系运算符

赋值运算符 (低)

图2.4 运算优先级

2.2.2.2 关系表达式

用关系运算符将两个表达式(可以是算术表达式或关系表达式、逻辑表达式、赋值表达式、字符表达式)连接起来的式子,称为关系表达式。

关系表达式的值是一个逻辑值。

C语言没有逻辑型数据。在C的关系运算中,以"1"代表"真",以"0"代表"假"。

例如:"16 > 3"的值为"真",表达式的值为1。 //知识点2

"8 > 10"的值为"假",表达式的值为0。

2.2.3 逻辑运算符

知识点1:掌握常用的逻辑运算符。

知识点2:逻辑表达式的值是一个逻辑量"真"或"假"。C语言编译系统在表示逻辑运算结果时,以数值1代表"真",以0代表"假"。

2.2.3.1 逻辑运算符及其优先次序

逻辑运算符如图表2-3所示。

表2-3　C逻辑运算符及其含义

运算符	含义	举例	说明
&&	逻辑与	a&&b	如果a和b都为真，则结果为真，否则为假
||	逻辑或	a||b	如果a和b有一个或一个以上为真，则结果为真，二者为假时，结果为假
!	逻辑非	! a	如果a为假，则! a为真，如果a为真，则! a为假

表2-4是逻辑运算的真值表。

表2-4　逻辑运算的真值表

a	b	! a	! b	a&&b	a||b
真	真	假	假	真	真
真	假	假	真	假	真
假	真	真	假	假	真
假	假	真	真	假	假

逻辑运算符的优先次序：!（非）→&&（与）→||（或），即"!"为三者中最高的。

图2.5是各种运算符之间的优先次序。

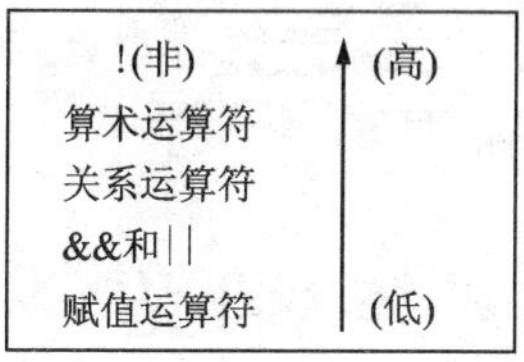

图2.5　各种运算符优先次序

2.2.3.2　逻辑表达式

用逻辑运算符将关系表达式或逻辑量连接起来的式子就是逻辑表达式。

逻辑表达式的值有一个逻辑量"真"或"假"。C语言编译系统在表示逻辑运算结果时，以数值1代表"真"，以0代表"假"。因为逻辑量中有两种可能值，所以把被测定的对象划分为两种情况（0或非0），如果是0就代表它为"假"，如果是非0则认为它是"真"。

例如：//知识点2

(1)a=2，b=6，则a&&b的值为1，因为a和b均为非0，被认为是"真"，因此a&&b的值也为"真"，值为1。

(2) 6&&0||3的值为1。因为6&&0为"假"而3为非0，故进行"或"运算结果为"真"。

实际上，逻辑运算符两侧的运算对象不但可以是整数，也可以是字符型、实型或指针型等数据。系统最终以0和非0来判定它们属于"真"或"假"。

例如：'m'&&'n'的值为 1（因为'm'和'n'的 ASCII 值都不为 0，按"真"处理），所以 1&&1 的值为 1。

2.2.4 逗号运算符和逗号表达式

知识点 1：整个逗号表达式的值是最后一个表达式 n 的值。

用逗号运算符将若干个表达式连接起来的式子称为逗号表达式，又称"顺序求值运算符"。

逗号表达式一般形式：表达式 1，表达式 2，表达式 3，…，表达式 n

其过程：先求解表达式 1，再求解表达式 2，再求解表达式 3，一直到表达式 n，整个逗号表达式的值是表达式 n 的值。

例如：4 + 6，8 − 3   结果是 5

2.2.5 条件运算符和条件表达式

知识点 1：掌握如何求解条件表达式的值。

用条件运算符将若干个表达式连接起来的式子称为条件表达式。条件表达式的一般形式：

表达式 1？表达式 2：表达式 3

它有 3 个操作对象，称三目(元)运算符，是 C 语言中唯一的三目运算符。条件运算符的执行顺序：先求解表达式 1，若为非 0(真)则求解表达式 2，此时表达式 2 的值就作为整个条件表达式的值。若表达式 1 的值为 0(假)则求解表达式 3，表达式 3 的值就是整个条件表达式的值。

条件运算符优先于赋值运算符，比关系运算符和算术运算符都低。

例如：y = (5 > 2)？6：8   y 的值是 6。

本章小结

(1)C 语言中，数据都属于一定的类型。编写程序时，根据实际情况选用相应的数据类型。

(2)常量和变量是程序中的两种运算量。常量是一个有具体值并且该值在程序执行过程中不会改变的量，变量是在程序运行期间可以发生变化的量，变量必须先定义再使用。

(3)C 语言运算符丰富。不同运算符参与运算时，有优先级的区别。

(4)C 语言中，不同类型的数据可以混合运算。运算时，不同类型的数据先要转换成同一类型，然后再进行运算。

(5)自增运算符(++)和自减运算符(−−)是 C 语言特有的运算符，其作用是使变量的值递增(加 1)或递减(减 1)。

习 题

2.1 字符常量和字符串常量有什么区别?

2.2 字符变量和整型变量有什么联系?

2.3 根据 C 语言的运算规则, 计算下列表达式的值。

(1) $x + (a+b)\%2 + (int)a / (int)b$

设 $a = 3$, $b = 2$, $c = 2.5$, $d = 3.5$, $x = 1.5$

(2) $(float)(a+b)/2 + (int)c\%(int)d$

设 $a = 6$, $b = 3$, $c = 4.5$, $d = 3.5$

2.4 输入一个大写字母 A, 转换成小写字母输出。

2.5 写出下列程序的运行结果。

```c
#include <stdio.h>
int main()
{
    int i, j, a, b;
    i = 12;
    j = 5;
    a = i++;
    b = --j;
    printf("%d, %d, %d, %d\n", a, b, i, j);
    return 0;
}
```

项目三　C 语言顺序程序设计

【本章要点】

顺序程序设计就是根据语句的前后顺序一步一步地执行程序。在日常生活中，经常需要按部就班地去解决问题，各个步骤都有前后顺序，只需要按顺序一步一步往下做，就可以很好地解决问题。本章主要介绍顺序程序设计中常用的赋值语句和数据输入输出函数。

3.1　赋值语句

3.1.1　赋值表达式

知识点 1：掌握赋值表达式的一般形式和执行过程。

在 C 语言中，利用赋值运算符"＝"把一个变量和一个表达式连接起来就构成了一个赋值表达式。赋值表达式的一般形式如下：

变量 ＝ 表达式

赋值表达式的执行过程如下：

第一步：计算赋值运算符右边的表达式值；

第二步：把赋值运算符右边表达式的值赋给左边的变量，赋给变量的值同时也作为赋值表达式的值。

知识点 2：赋值运算符的左边必须是一个变量，右边可以是常量、变量和合法的表达式，其中，合法的表达式可以是一个赋值表达式。如：

$$a = b = 5$$

运行结果：a 和 b 的值均为 5，整个赋值表达式的值为 5。

知识点 3：在赋值运算符的前面加上其他运算符构成了复合运算符，如"＋＝""＊＝"等。

$$a += 8 \text{ 等价于 } a = a + 8$$

注意：凡是二目运算符都可以在其前面加上等号来构造出复合运算符。

知识点 4：当赋值表达式左边和右边的数据类型不一样时，在赋值过程中系统会自动把赋值符号右边的数据类型转换成左边的数据类型。

（1）当把浮点型数据（包括单、双精度）赋给整型变量时，将丢弃浮点型数据的小数部分。

int i

i = 2.34

运行结果：i = 2

（2）当把整型数据赋给浮点型变量（包括单、双精度）时，数值不变，但会以浮点型数据存储形式存储。

　　float i

　　i = 23

　　运行结果：i = 23.000000

　　（3）当把 double 型数据赋给 float 型变量时，截取其前面 6、7 位有效数字，然后存储到 float 型变量的存储单元中。

　　（4）当把 float 型数据赋给 double 型变量时，数值不变，有效位扩展到 16 位，并在内存中以 8 个字节空间存储。

　　float i

　　i = 23

　　运行结果：i = 23.000000

　　（5）当赋值符号左边是占字节数量多的整型数据，右边是占字节数量少的整型数据或字符型数据时，那么，系统只会将右边数据的低字节位原封不动地赋值给左边变量。

　　（6）当把有符号整型数据赋值给长度相同的无符号整型变量时，注意原来表示符号位会变成一个数值位来传送。

3.1.2　赋值语句

　　C 语言规定，在赋值表达式的后面添加一个分号"；"就构成了一个赋值语句。

　　知识点 1：赋值表达式作为一个表达式，它可以出现在任何允许表达式存在的地方，而赋值语句不能。

　　【例 3.1】　输入 a、b、c 三个整数，要求编写一个程序求出其最大值，并在屏幕上显示出来。

```
#include < stdio. h >
main( )
{
int a, b, c, z;
scanf( "a = % d, b = % d, c = % d", &a, &b, &c);    //输入三个整数
if(a > b)
z = a;                          //把 a 值赋给 z 变量，知识点 1
else
z = b;
if(z > c)                       //输出最大值
printf( "max is % d\n", z);
else
printf( "max is % d\n", c);
return 0;
}
```

3.2　数据的输入输出

3.2.1　printf 函数的数据输出

知识点 1：掌握 printf 函数的一般调用格式。

printf 函数属于格式化输出函数，它的作用是按规定格式向标准输出设备（通常为屏幕）输出数据。printf 函数的一般调用格式如下：

printf(格式控制字符串，输出列表)；

例如：printf("a = %d"，n)

知识点 2：格式控制字符串是一个需要用双引号括起的字符串常量，它主要包含两大部分：普通字符和输出格式声明。

(1)普通字符指需要原样输出的字符。如上例中的"a = "。

注意：当普通字符为转义字符时，输出的是转义字符所代表的字符。

(2)输出格式声明是由 "%" 和格式字符组成，它用来指定数据的输出格式。

知识点 3：不同数据类型的输出数据需要使用不同的格式字符，主要有以下几种常用的格式字符。

(1)格式字符 d，它用来让十进制有符号整数按实际数据长度输出。

printf("%d\n%d\n"，8，-8)

运行结果：8

　　　　　　　-8

注意：正整数的符号不输出。

(2)格式字符 c，它用来以字符形式输出一个字符。

char abs = 'b'

printf("%c"，abs)

运行结果：b

(3)格式字符 s，它用来输出一个字符串。

printf("%s"，china)

运行结果：china

(4)格式字符 f，它用来以小数形式输出实数，系统默认整数部分全部输出，小数部分输出 6 位小数，小数部分自动四舍五入。

double c = 1.0123451

printf("a = %f"，c)

运行结果：1.012345

注意：除了用%f，还可以用%m.nf，其中，m 指定数据的输出宽度，n 指定数据的输出小数位数。

double c = 1.0123451

printf("a = %5.4f"，c)//输出数据宽度为 5，其中，小数占了 4 位。

运行结果：1.0123

（5）格式字符 e，它用来以指数形式输出实数。

double c = 1.0123421

printf("a = %e", c)

a = 1.012342e

（6）格式字符 u，它用来以十进制整数形式来输出数据。

知识点 4：输出列表主要是列出需要输出的各项数据，可以是常量、变量或表达式，各项数据之间需要用"，"隔开。

3.2.2　scanf 函数的数据输入

知识点 1：掌握 scanf 函数的一般调用格式。

scanf 函数属于格式化输入函数，它接收用户从键盘上输入的数据，并按格式控制要求把数据送到相应的变量地址中去。scanf 函数的一般调用格式如下：

scanf（格式控制字符串，输入地址列表）

例如：scanf（"a = %d, b = %d", &a, &b）

知识点 2：格式控制字符串是用双引号括起的一个字符串常量，它是以 % 和格式字符构成。它的作用是把输入的数据按规定的格式送到相应变量的地址单元中。

scanf（"a = %d, b = %d", &a, &b）

输入是：a = 12, b = 25

注意：在输入数据时，除了格式字符外，还需要在相对应的位置上输入相应的字符。

知识点 3：输入地址列表是用来列出存放输入数据的变量地址。

例如：scanf（"%d, %o, %f", &a, &b, &x）

注意：输入地址列表各项是由 & 和变量名构成的。

例如：scanf（"%d, %o, %f", a, b, x）是错误的。

3.2.3　字符数据的输入输出函数

当输入输出的数据是一个字符时，可以采用 getchar 函数和 putchar 函数分别输入和输出一个字符。

知识点 1：掌握 getchar 函数的使用。

getchar 函数是用来接收用户从键盘输入的一个字符，它的一般调用格式如下：

getchar( )

例如：char a

　　a = getchar( )；//接收一个从键盘输入的字符，并赋给字符变量 a

注意：getchar 函数一次只能接收一个字符。

知识点 2：掌握 putchar 函数的使用。

putchar 函数是用来向显示器输出一个字符的，它的一般调用格式如下：

putchar(a)

例如：char a = 'a';

putchar(a)；　 // 在显示器上显示一个字符

本章小结

(1)顺序结构是结构性程序设计中最简单的结构。它用来自上而下按顺序执行命令,最终解决问题。

(2)掌握赋值表达式的一般形式,注意赋值表达式左边只能是变量,右边可以是常量、变量或者合法的表达式。

(3)赋值过程中,当赋值符号右边的数据类型与左边的数据类型不一样时,注意要进行数据类型转换,这也是本章内容的一个难点。

(4)在赋值表达式后面添加一个";"就构成了一个赋值语句。

(5)掌握数据的输入输出,printf( )和 scanf( )函数都属于格式化数据输入输出函数。数据的输入输出格式由格式字符来决定,不同的格式字符有不同的数据输入输出特点。掌握数据的输入输出格式控制是本章学习的一个难点。

(5)掌握字符的输入输出,主要是会使用 putchar( )函数和 getchar( )函数实现输入或输出一个字符。

习　题

3.1　赋值表达式的一般形式:＿＿＿＿＿＿＿＿＿＿＿＿＿＿＿＿。

3.2　＿＿＿＿＿＿属于格式输入函数,＿＿＿＿＿＿属于格式输出函数。

3.3　putchar 函数可以向终端输出一个＿＿＿＿＿＿。

3.4　向计算机输入一个字符,可以调用的函数有＿＿＿＿＿＿。

3.5　有以下程序:

int a; float b;

scanf("a = % d, b = % f", &a, &b);

为了将 88 和 76.9 分别赋给 a 和 b,在键盘上的正确输入是＿＿＿＿＿＿。

3.6　下列程序的输出结果是＿＿＿＿＿＿。

```
#include  < stdio. h >
void main( )
{
float a = 1. 25312;
printf("a1 = % f, a2 = % 5. 3f", a, a);
return 0;
}
```

3.7　下列程序的输出结果是＿＿＿＿＿＿。

```
#include  < stdio. h >
void main( )
{
int a = 80, b = 90;
```

```
printf("%d %d\n", a, b);
printf("%d, %d\n", a, b);
printf("%c, %c\n", a, b);
return 0;
}
```

3.8　从键盘上输入：12B15 ＜回车＞，则输出结果是_____。

```
int m = 8, n = 6;
char c = 'a';
scanf("%d%c%d", &m, &c, &n);
printf("%d, %c, %d\n", m, c, n);
```

3.9　输入三个整数，编写程序求出这三个数的和以及其平均值，并显示在屏幕上。

3.10　有一个正圆台的上底面半径为 r_1，下底面半径为 r_2，高为 h。从键盘上输入 r_1，r_2，h；设计一个程序，计算并输出该圆台的上底面积 s_1，下底面积 s_2 和圆台的体积 V。

3.11　利用键盘输入一个小写字母，并在屏幕上输出其大写字母和对应的 ASCII 码值。

项目四 C语言选择结构程序设计

【本章要点】

本章主要介绍选择结构程序设计的基本概念及 if 语句和 switch 语句的使用,要求重点掌握选择结构程序设计的思想及程序编写方法,能够画出简单程序的流程图,并且能够按照流程图来编写程序。

4.1 利用 if 语句实现选择结构

if 语句是指编程语言中用来判定所给定的条件是否满足,根据判定的结果(真或假)决定执行给出的两种操作之一。

4.1.1 if 语句的三种格式

知识点 1:if 语句的三种表达形式。

1. if(表达式) 语句

例如:if(x>y) printf("%d",x);

执行过程:判断表达式的值,若为真,执行表达式后面的语句,执行结束接着执行语句后面的其他语句;若为假,直接跳过表达式后面的语句,执行语句后面的其他语句,如图4.1所示。

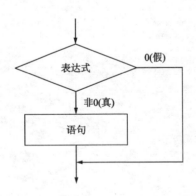

图 4.1 单分支选择结构

2. if(表达式) 语句 1

   else 语句 2

例如:if(x>y) printf("%d",x);

else printf("%d", y);

执行过程:首先计算并测试表达式的值,若条件为真则执行语句1;否则执行语句2,如图4.2所示。

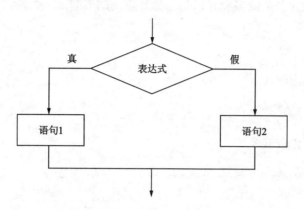

图4.2 双分支选择结构

3. if(表达式1) 语句1
　else if(表达式2) 语句2
　…
　else if(表达式m) 语句m
　else 语句n
例如:if(number > 30) cost = 0.15;
　　 else if(number > 20) cost = 0.10;
　　 else if(number > 10) cost = 0.05;
　　 else cost = 0;

执行过程:先判断表达式1的值,若为真,则执行语句1,跳过其他语句;若为假,则判断表达式2,依此类推,如图4.3所示。

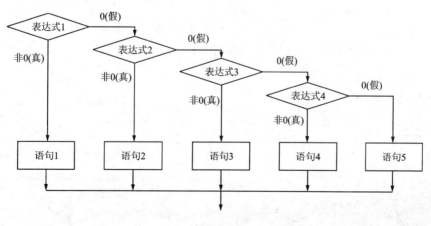

图4.3 多重选择结构

4.1.2 if 语句的嵌套

知识点 1: if 语句嵌套。

在 if 语句中又包含一个或多个 if 语句称为 if 语句的嵌套。一般形式如下:

```
if( )
    if( )   语句 1  ⎤
    else    语句 2  ⎦ 内嵌 if
else
    if( )   语句 3  ⎤
    else    语句 4  ⎦ 内嵌 if
```

【例 4.1】 有一函数:

$$y = \begin{cases} -1 & (x < 0) \\ 0 & (x = 0) \\ 1 & (x > 1) \end{cases}$$

编写程序, 要求输入一个 x 值后, 输出 y 值。

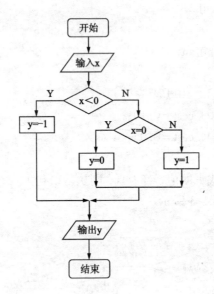

```c
#include < stdio. h >
main( )
{
    int x, y;
    printf( " enter x:" ) ;
    scanf( " % d" , &x) ;
    if( x < 0)
        y = -1;
```

```
    else
        if( x == 0 )  y = 0 ;
        else y = 1 ;
```
）知识点 1
```
    printf( "x = % d , y = % d\n" , x , y ) ;
    getch( ) ;
}
```

4.2　利用 switch 语句实现选择结构

　　在日常生活中，经常会遇到"分类"统计问题，例如学生成绩等级（90 分以上为 A 级，80 ~ 89 为 B 级，70 ~ 79 为 C 级，…）、人口统计分类（按年龄可分为老、中、青、少、儿童）、银行存贷款分类、职工工资统计分类等。if 语句处理两个分支和多个分支时需使用 if - else - if 结构，但如果分支较多，则嵌套的 if 语句层就越多，程序不但庞大而且理解也比较困难。因此，C 语言又提供了一个专门用于处理多分支结构的条件选择语句，称为 switch 语句，又称开关语句。使用 switch 语句直接处理多个分支（当然包括两个分支）。

　　知识点 1：switch 语句的表达形式。

```
switch( 表达式 )
{
case 常量表达式 1 : 语句 1 ; break ;
case 常量表达式 2 : 语句 2 ; break ;
    ⋮
case 常量表达式 n : 语句 n ; break ;
default : 语句 n + 1 ;
}
```

　　它的执行过程是：先求解表达式的值，如果表达式的值为常量表达式 1，就执行语句组 1；否则若表达式的值为常量表达式 2，就执行语句组 2……否则若表达式的值为常量表达式 n，就执行语句组 n；如果表达式的值不等于常量表达式 1，常量表达式 2，……，常量表达式 n，就执行语句组 n + 1，如图 4.4 所示。

　　【例 4.2】　输入数字，按下列对应关系显示。当输入 E ~ Z 时，程序结束。

输入数字	显示
1	A
2	B
3	C
4	D
其他	?

```
#include < stdio. h >
main( )
{
```

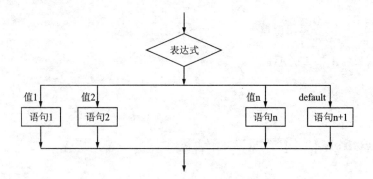

图4.4　switch 语句的执行流程图

```
int num;
scanf("%d", &num);
switch(num)
  {
    case 1: putchar('A'); break;      //知识点1
    case 2: putchar('B'); break;
    case 3: putchar('C'); break;
    case 4: putchar('D'); break;
    default: putchar('?');
  }
  getch();
}
```

【例4.3】　输入数字1~7，显示相应的星期。当输入其他数字时，提示错误，程序结束。

```
#include <stdio.h>
main()
{
  int a;
  printf("input an integer number:      ");
  scanf("%d", &a);
  switch (a)
  {
    case 1: printf("Monday\n"); break;      //知识点1
    case 2: printf("Tuesday\n"); break;
    case 3: printf("Wednesday\n"); break;
    case 4: printf("Thursday\n"); break;
    case 5: printf("Friday\n"); break;
    case 6: printf("Saturday\n"); break;
    case 7: printf("Sunday\n"); break;
```

```
        default： printf("error\n")；
    }
    getch()；
}
```

本章小结

(1)在C语言中约定：在表示一个逻辑值(如关系表达式、逻辑表达式的值)时，以1代表真，以0代表假。在判别一个逻辑量的值时，以非0作为真，0作为假。在C程序中，逻辑量(包括关系表达式和逻辑表达式)可以作为数值参加数值运算。

(2)在C语言中，主要用if语句实现选择结构，用switch语句实现多分支选择结构。掌握if语句的3种形式。注意if与else的配对规则(else总是和在它前面最近的未配对的if相配对)。为使程序清晰，减少错误，可采取以下方法：①内嵌if也包括else部分；②把内嵌的if放在外层的else子句中；③加花括号，限定范围；④程序写成锯齿形，同一层次的if和else在同一列上。

(3)在用switch语句实现多分支选择结构时，"case 常量表达式"只起语句标号作用，如果"switch"后面的表达式的值与"case"后面的常量表达式的值相等，就执行case后面的语句。但特别注意：执行完这些语句后不会自动结束，会继续执行下一个case子句中的语句。因此，应在每个case子句最后加一个break语句，才能正确实现多分支选择结构。

习　题

4.1　有三个整数a,b,c由键盘输入，输出其中最大的数。

4.2　从键盘输入任意一个整数，求其绝对值并输出。

4.3　有一函数：

$$y = \begin{cases} x & (x<0) \\ 2x^2-1 & (0 \leqslant x < 10) \\ \sqrt{3x+1} & (x \geqslant 10) \end{cases}$$

编写程序，要求输入一个x值后，输出y值。

4.4　给出一百分制成绩，成绩等级'A''B''C''D''E'。90分以上为A，80~89为B，70~79为C，60~69为D，60分以下为E，成绩等级由键盘输入。

4.5　键盘输入月薪收入，计算机输出实发钱数。20000元以上上交税率为0.1，10000元以上上交税率为0.08，5000元以上上交税率为0.05，5000元以下上交税率为0：

(1)用if语句编程序；

(2)用switch编程序。

项目五　C 语言循环结构程序设计

【本章要点】

在现实生活中,人们常常会遇到需要重复处理才能够完成的事件,利用循环结构编程解决这些事件,可以让程序编写变得十分的精简,同时也提高了编程效率。本章将介绍几种实现循环结构的语句,主要有 while 语句、do...while 语句和 for 语句。

5.1　利用 while 语句实现循环结构

知识点 1:掌握 while 语句的一般形式和执行过程。

在用 while 语言实现的循环结构中,只有当判断循环体条件满足时才会执行后面的循环体语句,因此,该循环又被称为"当型"循环。

while 语句的一般形式如下:

while(循环条件表达式)循环体语句

while 语句的执行过程如下:

第一步:判断循环条件表达式的值;

第二步:如果循环条件表达式的值为真,则执行循环体语句,并在执行完之后跳回第一步继续判断,否则,跳到第三步执行;

第三步:结束循环,执行循环体后面的语句。

while 语句的程序流程图如图 5.1 所示。

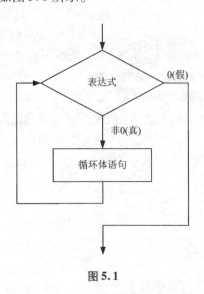

图 5.1

知识点 2：while 语句的特点是首先判断循环条件表达式的值，然后再执行循环体语句，所以，如果第一次判断循环条件表达式的值为假，那么循环体语句一次也不执行。

知识点 3：循环体语句可以是一条语句，也可以是多条语句。如果是多条语句，那么，必须要用花括号把这些语句括起来作为一个整体，否则，只会把第一条语句当作循环体语句执行，其他语句只有在循环结束后才执行。

知识点 4：在实际编程中，循环体中必须包含让循环结束的语句，否则，循环永不停止，变成一个"死循环"。

【例 5.1】　试编程在屏幕上输出 1 ~ 50 的数字。

```c
#include < stdio. h >
  main( )
{
  int i = 1;
  while(i < = 50) //执行 while 循环语句,知识点 1
  { printf("% d", i); i + + ; }
  return 0;
}
```

5.2　利用 do...while 语句实现循环结构

知识点 1：掌握 do...while 语句的一般形式和执行过程。

do...while 语句的一般形式如下：

do

　　{循环体语句}；

while（循环条件表达式）；

do...while 语句的执行过程如下：

第一步：首先执行一次循环体语句；

第二步：判断循环条件表达式的值；

第三步：如果循环条件表达式的值为真，那么，跳回第一步继续执行循环体语句，否则，跳到第四步执行；

第四步：结束循环，执行 while 后面的语句。

do...while 语句的程序流程图如图 5.2 所示。

知识点 2：do...while 语句的特点是先执行循环体语句，然后再对循环条件表达式的值进行判断。

知识点 3：在 do...while 语句中，由于先执行循环体语句，然后再对循环条件表达式的值进行判断，因此，无论第一次判断循环条件表达式的值是否为真，循环体语句都会至少被执行一次。

知识点 4：在实际编程中，循环体中必须包含让循环结束的语句，否则，循环永不停止，变成一个"死循环"。

知识点 5：循环体语句可以是一条语句，也可以是多条语句。如果是多条语句，那么，必

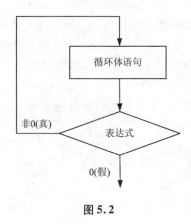

图 5.2

须要用花括号把这些语句括起来作为一个整体,否则,编译时会报错。

【例 5.2】 编程序求 $1+3+5+7+9+\cdots$ 这样的数之和。如果累加数大于 750 时,则程序终止并输出结果。

```
#include < stdio. h >
main( )
{int i = 1, sum = 0;
do                          //执行 do... while 循环语句,知识点 1
{ sum = sum + i; i = i + 2;}
while( sum < = 750)
printf( " \n% d", sum);
return 0;
}
```

5.3 利用 for 语句实现循环结构

for 语句是 C 语言中最具有特色的循环语句,它不但可以应用在循环次数已经确定的情况,也可以应用在循环次数不确定、只是给出循环结束条件的情况,for 语句的使用十分灵活方便。

知识点 1:掌握 for 语句的一般形式和执行过程。

for 语句的一般形式如下:

for(表达式 1;表达式 2;表达式 3){循环体语句};

在实际编程中,表达式 1 常被用于给循环变量赋初值,表达式 2 常被用于判断循环变量是否仍然满足条件,表达式 3 常被用于修改循环变量的值。

for 语句的执行过程如下:

第一步:执行表达式 1;

第二步:判断表达式 2 的值是否为真,如果为真,那么执行循环体语句,然后跳到第三步,如果为假,那么跳出循环,即执行第四步;

第三步：执行表达式3，然后跳回第二步执行；

第四步：结束循环，执行循环体语句后面的语句。

for 语句的程序流程图如图 5.3 所示。

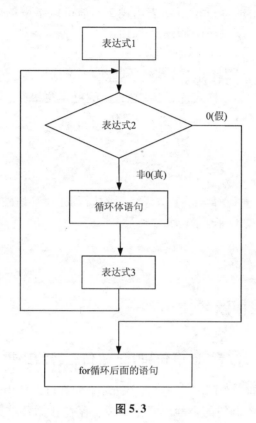

图 5.3

知识点 2：在 for 语句的一般形式中，可以把表达式 1 省略，同时，把本来在表达式 1 中实现的循环变量赋初值功能移到 for 循环语句之前实现。例如：

k = 1；for（；k！= 10；k + +）printf("％d"，k)；

注意：表达 1 后的分号仍然要保留。

知识点 3：在 for 语句的一般形式中，可以把表达式 2 省略，但在这种情况下，程序始终会认为表达式 2 的值为真，因此，for 循环变成了一个永不会结束的循环，即"死循环"。例如：

for（k = 1；；k + +）printf("％d"，k)；

注意：表达 2 省略后的分号仍然要保留。

知识点 4：在 for 语句的一般形式中，可以把表达式 3 省略，但是应该在循环体语句中增加修改循环变量值的功能，从而保证 for 语句能在满足某种条件下退出循环。例如：

for（k = 1；k！= 10；）{ printf("％d"，k)；k + +；}

知识点 5：在 for 语句的一般形式中，可以把循环体语句省略，即不执行任何功能，例如：

for（k = 1；k！= 10；k + +）；

注意：省略循环体语句后的分号仍然要保留。

知识点 6：在 for 语句的一般形式中，表达式 1 和表达式 3 可以放置任意类型的语句。例如：

k = 1；for（c = getchar（）；k！ = 10；k ++）；

知识点 7：在 for 语句的一般形式中，表达式 2 不但可以是逻辑表达式或者关系表达式，而且还可以是字符表达式或者数值表达式。例如：

for（k = 1；10；k ++）printf（"％d"，k）；

for 循环语句的形式多种多样，灵活多变，功能实现灵活方便，但是在实际编程中，应该避免过度使用 for 循环语句的多样式特点，注意程序的可读性和规范性。

【例 5.3】 写程序计算 s = 1 + 2 + 3 + … + 100。

```
#include  < stdio. h >
main（）
{ int s = 0，i；
for（i = 1；i < = 100；i ++）s = s + i;            //执行 for 循环语句，知识点 1
printf（"s = ％d"，s）；
return 0；
}
```

5.4　循环语句比较和嵌套使用

5.4.1　while 语句、do...while 语句和 for 语句三者的比较

知识点 1：对于解决同一个问题，一般 3 个循环语句都可以使用。

知识点 2：在 3 个循环语句的一般形式中，必须存在让循环结束的语句。while 语句和 do...while 语句的循环结束语句只能在循环体中实现，而 for 语句的循环结束语句可以放在循环体中，也可以放在表达式 3 中实现。因此，for 语句比另外两个语句在应用上都要灵活。

知识点 3：while 语句中的循环体可以一次也不执行，do...while 语句中的循环体至少执行一次，因此，在解决同样一个问题时，结果有可能不一样。

知识点 4：循环变量初始化操作只能在 while 语句和 do...while 语句之前完成，而 for 语句的循环变量初始化操作可以在之前完成也可以在表达式 1 中完成。

5.4.2　循环语句的嵌套使用

知识点 1：了解嵌套的概念。

在解决某些复杂问题中，常常需要在一个循环体中又包含另外一个完整的循环结构，称为循环语句的嵌套。如果内嵌的循环体中又有嵌套的循环结构，则构成了多重循环。例如：

```
while（循环条件表达式）
{…
for（表达 1；表达 2；表达 3）{循环体；}
…
}
```

【例5.4】 编写程序输出如下图形。
```
*
*   *
*   *   *
*   *   *   *
```

```
#include <stdio. h>
main( )
{ int j, i;
  for (i =1; i < =4; i ++)
  {
  for (j =1; j < =i; j ++) putchar('*'); //for 循环嵌套，知识点 1
  putchar('\n');                         //输出'*'
  }
}
```
知识点 2：while 语句、do. . . while 语句和 for 语句可以相互嵌套。

5.5 break 语句和 continue 语句的使用和区别

知识点 1：break 语句可以用来从循环体中跳出，提前结束整个循环，即不再执行剩下的循环次数。break 语句的一般形式如下：

break；

【例5.5】 计算 sum = 1 + 2 + 3 + . . . + 100。
```
#include <stdio. h>
main( )
{ int sum, i =l;
  for(sum =0 ; ; )          //在 for 循环一般形式中，可以省略表达式1、
                            // 2 和3，见5.2 小节的知识点2、3
  {
    sum = sum + i;
    i ++;
    if(i >100) break;        //如果 i >100，则退出循环，知识点1
  }
  printf("sum = % d", sum);
  }
}
```
知识点 2：continue 语句用来从循环体中跳出，提前结束本次循环。即不再执行本次循环中剩余的循环体语句，但会继续执行剩余的循环次数。continue 语句的一般形式如下：

continue；

【例 5.6】 计算 sum = 1 + 3 + 5 + 7 + 9。

```
#include <stdio.h>
main( )
  { int sum, i = 1;
    for   ( sum = 0; i > 9; i ++ )
    {
    if(i == 2 || i == 4 || i == 6 || i == 8)
    continue;              //如果 i 等于 2、4、6 或 8,则跳过循环体剩余
                          //的执行语句,继续执行下一个循环,知识点 2
    sum = sum + i;
  }
    printf("sum = % d", sum);
  }
```

知识点 3：break 语句和 continue 语句的区别：break 语句是结束整个循环，不管循环条件表达式是否依然成立，而 continue 语句只是结束本次循环，它仍然会继续执行剩余的循环次数。

本章小结

（1）循环结构是结构化程序设计的三大基本结构之一，利用循环结构编程解决这些事件，可以让程序编写变得十分的精简，同时也提高了编程效率。本章介绍了几种实现循环结构的语句，主要有 while 语句、do...while 语句和 for 语句。

（2）掌握 while 语句、do...while 语句和 for 语句的一般形式及其求解过程。for 语句的实现形式多种多样，它是循环语句中使用最灵活最方便的一种。能够用 while 语句和 do...while 语句实现的功能都可以用 for 语句来实现。

（3）while 语句、do...while 语句和 for 语句在一般情况下都可以用来解决同样的问题，注意，当循环条件第一次判断不成立的时候，while 语句的循环体是一次也不执行，而 do...while 语句的循环体至少执行一次。

（4）理解嵌套的概念，学习循环结构在多重嵌套结构中的实现。

（5）使用 break 语句和 continue 语句来改变循环的执行过程。注意 break 语句和 continue 语句的区别：break 语句用来提前结束整个循环，而 continue 语句只是结束本次循环，剩下的循环次数依然有效。

习　题

5.1　C 语言程序的三种基本结构是顺序结构、选择结构和_____。

5.2　在 C 语言中，实现循环结构的语句主要有_____、_____和_____。

5.3　在一个循环体中又包含另外一个完整的循环结构，这种形式称为_____。

5.4　_____语句可以用来结束整个循环。

5.5　while 语句的一般形式：while(＿＿＿＿＿)＿＿＿＿＿＿。

5.6　在 10～100 之间的整数中，编程找出是 3 的倍数这样的数。

5.7　某班有 45 名学生，输入这个班学生的期末成绩并计算它的平均成绩。（用 do...
while 语句编程）

5.8　编程显示 9*9 的乘法表。

　　　$1*1=1$

　　　$2*1=2$　　$2*2=4$

　　　…

　　　$9*1=9$　　$9*2=18$　…　$9*9=81$

5.9　某慈善机构计划募集 10000 元慈善基金，在募捐过程中，计算机会把每一人捐款的
金额存起来，并立刻输出一个捐款总和。当某一个人捐款后，捐款总额达到或超过 10000 元
时，立刻宣告捐款结束。

5.10　一对兔子在出生后第 3 个月开始每个月生一对兔子，新生的小兔子在第 3 个月后
开始每个月又再生一对兔子。假设所有兔子都活着，编程计算 40 个月后的兔子总数为多少？

5.11　编程统计在 100～1000 之间各位数字之和等于 8 的数有多少个。

5.12　在屏幕上显示 i×i 个字符′*′。（i 为任意值）

5.13　从键盘上输入一个字符并在屏幕上显示，如果按了 Esc 键，则退出该程序。

5.14　某电文加密规律：将字母变成其后面的第 4 个字母，其他字符保持不变。例如，
a→e，A→E，W→A。编写程序把输入的一行字符按要求转换成加密电文输出。

5.15　在一家饭馆里面有 30 个人用餐。每个男人花 3 个先令，每个女人花 2 个先令，每
个小孩花 1 个先令，共花去了 50 个先令。问男人、女人和小孩各有多少人（男人、女人和小
孩均存在）？

项目六　利用函数进行模块化程序设计

【本章要点】

一个完整的 C 语言程序是由一个且只能由一个 main( ) 函数(主函数)和若干其他函数组合而成的。本章将介绍包括其他函数的定义、调用、参数传递、嵌套调用和递归调用以及变量的作用域和存储类型等。

6.1　函数的定义

6.1.1　函数是什么

知识点 1：函数就是功能，一个函数用来实现一个功能。

C 语言中，"函数"这一术语来自英文 function 翻译过来的，有函数和功能的意思。因此，C 语言中函数就是功能，一个函数用来实现一个功能。一般除了一个主函数外，还包括若干个函数。在设计一个较大的程序时，一般把它分为若干个程序模块，每个模块实现一个特定的功能。

6.1.2　函数的定义

C 语言规定，在程序中用到的所有函数，必须"先定义，后使用"。定义函数就是用户自己编写能实现指定功能的程序段。用户函数的定义，分为有参函数的定义和无参函数的定义。

知识点 1：在调用函数时，大多数情况，主调函数和被调用函数之间有数据传递，这就是有参函数。

知识点 2：如果不需要带回函数值，则是无参函数。

知识点 3：定义函数时函数名后面括号中的变量名称为形式参数(简称形参)。

知识点 4：在主调函数中调用另一个函数时，在该函数名后面括号中的参数称为实际参数(简称实参)。

知识点 5：通过函数调用使主调函数能得到一个需要的值，就是函数的返回值。

1. 有参函数的定义

有参函数(即带有形式参数的函数)定义的一般形式为：

函数类型声明符 函数名(形式参数声明表列) ——函数首部

{

变量声明部分

可执行语句部分 ——函数体

}

其中,第一行通常称为函数首部或头部,{}中的内容称为函数体,如例 6.1 中的 max 函数。

2. 无参函数的定义

无参函数(没有形式参数)定义的一般形式为:

函数类型声明符 函数名( )

{

变量声明部分

可执行语句部分

}

无参函数与有参函数相比,不同之处在于函数首部没有形式参数声明部分,调用该函数时当然就无需提供实参,但函数名后的一对( )不可省略。例如:

```
void printf_message( )
{
printf("hello! \n");
}
```

【例 6.1】　输入两个整数,要求用一个函数求出其中的大者,并在主函数中输出此值。

```
int max(int x, int y)        //x、y 为形式参数,知识点 3
{
int z;                       //定义临时变量 z
z = x > y? x:y;              //把 x 和 y 中大者赋给 z
return(z);                   //把 z 作为 max 函数的值带回 main 函数,知识点 5
}
main( )
{
int max(int x, int y);       //对 max 函数的声明
int a, b, c;
printf("please enter two integer numbers:");
scanf("%d, %d", &a, &b);
c = max(a, b);               //调用 max 函数,有两个实参,知识点 4
printf("max is %d\n", c);
getch( );
}
```

6.2　函数调用和数据传递

知识点 1:函数调用中,要注意区别主调函数和被调函数。

知识点 2:C 语言提供了两种参数传递方式:按值传递和按地址传递。

6.2.1　函数调用

定义函数的目的是为了使用。为了正确使用函数，还需要了解函数的调用方式和调用过程。在一对调用关系中，调用其他函数的函数称为主调函数，被其他函数调用的函数称为被调函数。

1.函数调用的一般形式

函数的调用是通过主调函数实现的，调用语句应出现在主调函数中。函数调用的一般形式为：

函数名(实际参数表列)

说明：

(1)实际参数表列：调用函数时，函数名后括号中的各个量即为实际参数，简称为实参。函数的实参可以是常数、变量或表达式，各实参之间用逗号分隔，并且实参的个数和类型应该与该函数的形式参数的类型和个数一致。

(2)在函数调用时，实参的值一一对应地赋给形参。注意，在 Turbo C 和 VC ++ 6.0 中，实参的求值顺序是从右至左。

2.函数调用的方式

调用用户自定义函数与调用系统函数方式相同，分两种方式：

(1)函数调用语句。把函数调用作为一条语句，这时不要求函数带回值，只要求函数完成一定的操作，一般用于调用无返回值的函数。例如：

```
void printf_message()
{
printf("hello! \n");
}
```

(2)函数调用作为表达式的一部分。函数调用出现在表达式中，也可作为一个函数的实参，函数的返回值参与表达式的运算，这种方式一般用于调用带有返回值的函数，例如例6.1。

6.2.2　被调函数的声明

在一个函数中调用另一个函数(被调用函数)需要具备以下条件：

(1)被调用的函数必须是已经定义的函数(是库函数或用户自己定义的函数)。

(2)如果使用库函数，应该在本文件模块的开头用#include 指令将调用该库函数所需用到的有关信息"包含"到本文件中来。例如，前几章中已经用过的"包含"指令：

#include < stdio. h >

其中"stdio. h"是一个"头文件"。在 stdio. h 文件中包含了对输入输出函数的声明。如果不包含"stdio. h"文件，就无法使用输入输出库中的函数。使用数学库中的函数，应该用#include < math. h >指令。

(3)如果使用用户自己定义的函数，而该函数在源文件中的位置在调用它的函数(即主调函数)的后面，应该在主调函数中对被调用的函数作声明(declaration)。声明的作用是把函数名、函数参数的个数和参数类型等信息通知编译系统，以便在遇到函数调用时，编译系统能正确识别函数并检查函数调用是否合法。

6.2.3　数据传递

调用函数时，大多数情况下主调函数与被调函数之间存在着数据传递关系。主调函数通过实际参数向被调函数的形参传递数据，而被调函数向主调函数返回结果时一般是利用 return 语句实现的。

C 语言提供了两种参数传递方式：按值传递和按地址传递。

1. 按值传递

当实际参数是变量名、常数、表达式或数组元素，形式参数是变量名时，函数的参数传递采用按值传递方式。

按值传递：函数调用时，主调函数把实参的值一一对应地传给被调函数的形参。在函数调用过程中对形参值的改变不会影响实参的值。按值传递的特点是单向数据传递，即只把实参的值传递给形参，形参值的任何变化都不会影响实参。

2. 按地址传递

当实参是变量的地址、数组名或指针变量，形参是数组或指针变量时，函数的参数传递采用按地址传递。

按地址传递是在函数调用时，主调函数把实参的地址传递给形参，即传递的是存储数据的内存单元地址，而不是数值本身。

由于传递的是地址，使得形参与实参共用同一地址，共享同一存储空间。函数体内对形参的所有操作，实际上都是对形参所指向的存储空间的操作，因而所产生的改变必然会影响实参的值。按地址传递的特点是，数据传递是双向的，即实参的值能够传递给形参，而形参的改变也会影响到实参的内容。利用地址传递方式可以实现调用一个函数可返回多个值的操作。（此部分内容在指针章节再做详细讲解）

6.3　函数的嵌套调用和递归调用

6.3.1　函数的嵌套调用

知识点 1：各函数之间是平行的，不存在上一级函数和下一级函数的问题。但是 C 语言允许在一个函数的定义中出现对另一个函数的调用，这样就出现了函数的嵌套调用，即在被调函数中又调用其他函数。

图 6.1 表示了两层嵌套的情形。其执行过程是：执行 main 函数中调用 a 函数的语句时，即转去执行 a 函数，在 a 函数中调用 b 函数时，又转去执行 b 函数，b 函数执行完毕返回 a 函数的断点继续执行，a 函数执行完毕返回 main 函数的断点继续执行。

【例 6.2】　设有函数 $y = f(x)$，求 y 的值。

其中：$f(x) = g(x) + 1$；$g(x) = 2h(x) - 1$；$h(x) = 3x + 5$。

解题思路：上述问题中包含了三个函数，在计算 $f(x)$ 值时用到了 $g(x)$，计算 $g(x)$ 时又用到了 $h(x)$。显然这是一个函数嵌套调用的问题。

程序如下：

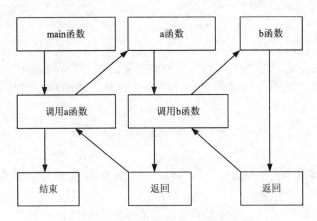

图 6.1 函数的嵌套调用结构示意图

```
int h( int x)              //定义 h(x)函数,类型为整型
{int z;                    //定义临时变量 z
  z = 3 * x + 5;
  return(z);               //把 z 作为 h(x)函数的值带回 g(x)函数
}
int g( int x)              //定义 g(x)函数,类型为整型
{int z;                    //定义临时变量 z
  z = 2 * h(x) - 1;
  return(z);               //把 z 作为 g(x)函数的值带回 f(x)函数
}
int f( int x)              //定义 f(x)函数,类型为整型
{int z;                    //定义临时变量 z
  z = g(x) + 1;
  return(z);               //把 z 作为 f(x)函数的值带回 main 函数
}
main( )
{
int x, y;
scanf("%d", &x);
y = f(x);                  //调用 f(x)函数,有一个实参
printf("y = %d", y);
getch( );
}
```

程序运行,输入:1;输出 y = 16。

6.3.2 函数的递归调用

知识点 1：在调用一个函数的过程中又直接或间接地调用该函数本身,称为函数的递归

50

调用。

知识点 2：递归函数要避免死循环，在编写递归调用程序时，必须在递归调用语句的前面写上终止递归的条件，常采用：

if(条件)递归调用

else ……

所以，编写递归函数时，必须清楚以下两个主要问题：

①递归程序算法，即如何实现其递归；

②递归调用的结束条件。

【例 6.3】　用递归方法求 n!。

解题思路：$5! = 5 \cdot 4!, 4! = 4 \cdot 3!, 3! = 3 \cdot 2!, 2! = 2 \cdot 1!, 1! = 1$。可用下面的递归公式表示：

$$n! = \begin{cases} 1 & (n=1) \\ n \cdot (n-1)! & (n>1) \end{cases}$$

程序如下：

```
long fjc(int n)              //定义 fjc 函数，类型为长整型
{
long z;                      //定义临时变量 z
if(n==1)    return(1);
else z = n * fjc(n-1);       //知识点 1 和知识点 2
return(z);                   //把 z 作为 fjc 函数的值带回 main 函数
}
main()
{
int n;
long y;
scanf("%d", &n);
y = fjc(n);                  //调用 fjc(阶乘)函数，有一个实参
printf("%d! = %ld", n, y);
getch();
}
```

程序运行，输入：5；输出 5! = 120。

6.4　变量的作用域和存储类型

6.4.1　局部变量和全局变量

1. 局部变量

知识点 1：在一个函数内部定义的变量只在本函数范围内有效，因此是内部变量，又称为局部变量。例如：

```
int f1( int x, int y)
{
int m, n;
…
}
float f2( int x, int y)
{
int p, q, m;
…
}
main( )
{
int a, b;
…
}
```

在主函数 main 中定义的变量 a、b 只能在主函数中有效，而在 f1 和 f2 中是无效的；变量 m、n 只能在 f1 函数中有效；变量 p、q 只能在 f2 函数中有效。

不同函数中可以使用相同的变量名，它们代表不同的对象，在内存中占不同的存储单元，互不干扰。例如，函数 f1 中的变量 m 和 f2 函数中的变量 m。

形式参数也是局部变量。它们与函数中的其他变量类似，代表不同的对象，例如，函数 f1 中的形参 x、y 和 f2 函数中的 x、y。

2. 全局变量

知识点 1：在函数外部定义的变量称为全局变量，又称为外部变量。例如：

```
int a, b;               //全局变量
int f1( int x, int y)   //定义函数 f1
{
int m;
…
}
int c, d;               //全局变量
float f2( int x, int y) //定义函数 f2
{
int n;
…
}
main( )                 //定义主函数
{
…
}
```

全局变量 a、b 的作用范围

全局变量 c、d 的作用范围

a、b、c、d 都是全局变量，但它们的作用范围不同，在 main( ) 函数和 f2 函数中可以使用全局变量 a、b、c、d，但在函数 f1 中只能使用全局变量 a、b。

6.4.2　变量的存储类型

1. auto 变量

知识点 1：auto 变量只用于定义局部变量，存储在内存中的动态存储区。自动变量的定义形式为：

auto 数据类型 变量名表；

局部变量存储类型缺省时为 auto 型。

2. static 变量

知识点 2：static 型既可以定义全局变量，又可以定义局部变量，在静态存储区分配存储单元。在整个程序运行期间，静态变量自始至终占用被分配的存储空间。定义形式为：

static 数据类型 变量名表；

3. register 变量

知识点 3：一般情况下，变量的值是存放在内存中的。如果某些变量要频繁使用，同时为了提高变量的存取时间，则将这些变量存放在寄存器中，这时可将变量定义为 register 型。定义形式为：

register 数据类型 变量名表；

注意：

一个计算机系统中寄存器数量是有限的，因此不能定义太多的寄存器变量；

只有局部自动变量和形式参数可以定义为寄存器变量，全局变量和静态存储变量不能定义为寄存器变量。

4. extern 变量

知识点 4：extern 变量称为外部变量，就是全局变量，是对同一类变量的不同提法，全局变量是从作用域角度提出的，外部变量是从其存储方式提出的，表示它的生存期。外部变量的定义必须在所有函数之外，且只能定义一次，其定义形式为：

extern 数据类型 变量名表；

若 extern 型变量的定义在后，使用在前，或者引用其他文件的 extern 型变量时，必须用 extern 对该变量进行外部说明。

本章小结

（1）在 C 语言中，函数是用来完成某一个特定功能的。C 程序是由一个或多个函数组成的。函数是 C 程序中的基本单位。执行程序就是执行主函数和由主函数调用其他函数。因此编写 C 程序，主要工作就是编写函数。

（2）有两种函数：系统提供的库函数和用户根据需要自己定义的函数。如果在程序中使用库函数，必须在本文件的开头用#include 指令把与该函数有关的头文件包含到本文件中来（如用数学函数时要加上#include < math. h > ）。如果用自己定义的函数，必须先定义，后调用。

（3）函数的"定义"和"声明"不是一回事。

（4）调用函数时要注意实参与形参个数相同、类型一致（或赋值兼容）。数据传递的方式是从实参到形参的单向值传递。在函数调用期间如出现形参变量的值发生变化，不会影响实参变量原来的值。

（5）在调用一个函数的过程中，又调用另外一个函数，称为函数的嵌套调用。可以有多层的嵌套调用。在调用一个函数的过程中又出现直接或间接地调用该函数本身，称为函数的递归调用。

（6）变量的作用域是指变量有效的范围。根据定义变量的位置不同，变量分为局部变量和全局变量。凡是在函数内或复合语句中定义的变量都是局部变量，其作用域限制在函数内或复合语句内，在函数或复合语句外不能引用该变量。在函数外定义的变量都是全局变量，其作用域为从定义点到本文件末尾。

（7）变量的生存期指的是变量存在的时间。全局变量的生存期是程序运行的整个时间。局部变量的生存期是不相同的。局部自动变量的生存期与所在的函数被调用的时间段相同，函数调用结束，变量就不存在了。

（8）变量的存储类别共有 4 个：auto，register，static，extern。前 3 个可用于局部变量，改变变量的生存期。后两个可用于全局变量，用来指定变量的作用域。

习 题

6.1　C 语言中函数就是_____，一个函数用来实现一个功能。

6.2　C 语言规定，在程序中用到的所有函数，必须"_____"。

6.3　在调用函数时，大多数情况，主调函数和被调用函数之间有_____，这就是有参函数。

6.4　在调用函数时，如果不需要带回函数值，则是_____。

6.5　定义函数时函数名后面括号中的变量名称为_____（简称形参）。

6.6　主调函数中调用另一个函数时，在该函数名后面括号中的参数称为_____（简称实参）。

6.7　通过函数调用使主调函数能得到一个需要的值，就是函数的_____。

6.8　如果使用库函数，应该在本文件模块的开头用_____指令将调用该库函数所需用到的有关信息"包含"到本文件中来。

6.9　编写一函数程序，求某两个数的最大公约数和最小公倍数。

6.10　编写一个函数，求三个任意数中的最大数。

6.11　写一个判断素数的函数，在主函数输入一个整数，输出是否是素数的信息。

6.12　利用函数嵌套调用，求 $1^k + 2^k + 3^k + \cdots + n^k$ 的值。

6.13　写一函数用递归方法求：$1 + 1/2 + 1/3 + 1/4 + 1/5 + 1/6 + 1/7 + \cdots + 1/n$。

项目七　数　组

【本章要点】

在实际编程中，常常需要对一组类型相同的数据进行处理。如果使用简单变量，程序处理起来会很烦琐，甚至有些无法实现。数组描述的是相同类型的一组数据，它们按照一定的先后顺序排列组合而成，使用统一的数组名和不同的下标来唯一表示数组中的每一个元素。这一组数被称为数组，其中的每个数据被称为一个数组元素。本章主要介绍一维数组、二维数组以及字符数组的定义、引用、初始化及与数组相关的应用编程方法。

7.1　一维数组

7.1.1　一维数组的定义

知识点 1：在 C 语言中使用数组必须先进行定义，后使用。

知识点 2：掌握一维数组的定义方式及注意事项。

一维数组的定义方式为：

类型说明符 数组名［常量表达式］；

数据类型符：数组中元素的类型，可以是 int 型、float 型、char 型以及指针型、结构体或者公用体等类型；

数组变量名：数组变量的名字（数组），标识符，必须是一个合法标识符，变量名是数组在内存中的地址，也就是数组第一个元素在内存中的位置；

［］表明所定义的是一个数组变量，［］中间必须是一个整型常量表达式，这个常量表达式是数组的大小，表明数组中数据单元（数组元素）的个数，也称为数组的长度。

例如：

int a［10］；定义一个含有 10 个整型元素的数组 a，分别为 a［0］，a［1］，a［2］，…，a［9］；

char c［200］；定义一个含有 200 个字符元素的数组 c，分别为 c［0］，c［1］，c［2］，…．c［199］；

float f［5］；定义一个含有 5 个浮点型元素的数组 f，分别为 f［0］，f［1］，f［2］，f［3］，f［4］；

说明：

（1）数组的类型实际上是指数组元素的取值类型。对于同一个数组，其所有元素的数据类型都是相同的。

（2）数组名不能与其他变量名相同。

例如，在下面的程序段中，因为变量 num 和数组 num 同名，程序编译时会出现错误，无法通过：

```
void    main( )
{ int    num;
  float    num[100];
…
}
```

（3）方括号中常量表达式表示数组元素的个数，如 a[5]表示数组 a 有 5 个元素。但是其下标从 0 开始计算。因此 5 个元素分别为 a[0]，a[1]，a[2]，a[3]，a[4]。

（4）允许在同一个类型说明中，说明多个数组和多个变量。例如：

int a，b，c，d，k1[10]，k2[20]；

（5）方括号中的常量表达式不可以是变量，但可以是符号常量或常量表达式。也就是说，C 语言不允许对数组的大小作动态定义，即数组的大小不依赖于程序运行过程中变量的值。

例如，下面这样定义数组是不行的：

int n；

scanf("%d"，&n)；//在程序中临时输入数组的大小

int a[n]；

例如，下面的数组定义是合法的：

#define NUM 5

void main( )

{ int a[NUM]，b[7+8]；

…

}

但是，下述定义方式是错误的：

void main( )

{ int num =10；//定义变量 num

int a[num]；

…

}

⑥数组名的书写规则应符合标识符的书写规定。

7.1.2   一维数组的引用

知识点 1：数组元素是组成数组的基本单元。

知识点 2：数组元素也是一种变量，其标识方法为数组名后跟一个下标。下标表示了元素在数组中的顺序号。数组元素也称为下标变量。

知识点 3：掌握数组元素的表示形式。

知识点 4：掌握数组元素在存储空间中的存储。

数组元素的一般形式为：

数组名[下标]

其中下标只能为整型常量或整型表达式。

一个数组一旦被定义，编译器将会为之开辟一个存储空间，以便将数组元素顺序地存储在这个空间中。

例如定义一个数组 int a[10]，即每一个数组元素占用一个 int 类型的存储空间。图 7.1 为一维 int 型数组 a[10] 的各元素在内存中的存储情形。

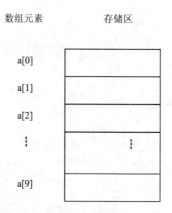

图 7.1　a[10]数组的存储分配

知识点 5：掌握数组元素使用说明。

说明：

(1)下标可以是整型常量或整型表达式。

例如：tab[5]、num[i+j]、a[i++]都是合法的数组元素。

(2)在程序中不能一次引用整个数组，只能逐个使用数组元素。

例如，数组 a 包含 10 个数组元素，累加 10 个数组元素之和，必须使用下面的循环语句逐个累加各数组元素：

int a[10], sum; // 知识点 3

sum = 0;

for(i = 0; i < 10; i++)

sum = sum + a[i]; // 逐个累加各数组元素

不能用一个语句累加整个数组，下面的写法是错误的：

sum = sum + a;

(3)下标的取值从 0 开始，正确的下标最大值为(数组大小 − 1)。

如对上述 a 的下标值应当为 0 ~ 9。需要说明的是，C 语言的编译器一般不对数组做超界检查，即引用下标值范围之外的数组元素时，多数编译系统并不给出出错信息。由于超出下标值正确范围的数组元素所指的存储空间不是系统分配给该数组的，引用这些数组元素，得到的是其他存储元中的数据，它是一个不可预测的值。因此，进行 C 语言程序设计时，应当十分小心，防止数组超界。

(4)数组元素(下标变量)具有普通变量的特征，可以作为左值表达式使用。数组元素常常使用在循环结构中。

【例 7.1】　用一个数组存储 10 个学生的年龄，然后分别按正序和反序显示它们。

```
#include    < stdio. h >
#define NUM 10
int main( void)
{
    int i;
    int student_age[NUM]; //知识点 3
    for( i =0; i < NUM; i + +)// 输入数据，知识点 5
    {
        printf( "Please input a student age:") ;
        scanf( "% d", &student_age[i]) ;
    }
    for( i =0; i < NUM; i + +)//正序输出，知识点 5
        printf( "%6d", student_age[i]) ;
    printf( "\n") ;
    for( i = NUM; i > =0; i - -)// 反序输出，知识点 5
        printf( "%6d", student_age[i]) ;
    printf( "\n") ;
    return 0;
}
```

依次输入：15   16   17   18   19   20   21   22   23   24

输出结果如下：

15   16   17   18   19   20   21   22   23   24

10   24   23   22   21   20   19   18   17   16   15

可以发现，上面的输出结果中，反序输出的数据中多了一个"10"。检查程序，发现是使用了下标"NUM"，而正确的下标应当不超过 NUM −1。所以，只要把反序输出的重复结构改为下面的形式就可以了。

```
for( i = NUM  −1; i > =0; i - -)// 知识点 5
        printf( "%6d", student_age[i]) ;
            printf( "\n") ;
```

知识点 6：定义数组是用到的"数组名[常量表达式]"和引用数组元素时用到的"数组名[下标]"的区别，前者的"常量表达式"只能是常量，后者的"下标"可以是常量、变量和变量表达式，例如：

```
int  a[10];     //定义数组长度为 10
t =a[6];    //引用 a 数组中序号为 6 的元素。此时的 6 不代表数组长度
int   a[10], sum =0;
for( i =0; i <10; i + +)
sum = sum +a[i]; //其中所引用的数组元素 a[i]的下标就是变量 i。
```

7.1.3　一维数组的初始化

给数组赋值的方法除了用赋值语句对数组元素逐个赋值外,还可采用初始化赋值和动态赋值的方法。

知识点 1:数组初始化赋值是指在数组定义时给数组元素赋予初值。

数组初始化是在编译阶段进行的。这样将减少运行时间,提高效率。初始化赋值的一般形式为:

类型说明符 数组名[常量表达式] = ｛值,值…值｝;

其中在｛｝中的各数据值即为各元素的初值,各值之间用逗号间隔。例如:

int a[10] = ｛0, 1, 2, 3, 4, 5, 6, 7, 8, 9｝;

相当于 a[0] =0; a[1] = 1, …; a[9] =9;

知识点 2:掌握数组初始化赋值几点说明。

说明:

(1)可以只给部分元素赋初值。当｛｝中值的个数少于元素个数时,只给前面部分元素赋值。

例如:

int a[10] = ｛0, 1, 2, 3, 4｝;

表示只给 a[0] ~ a[4]这 5 个元素赋值,而后 5 个元素自动赋 0 值。

(2)只能给元素逐个赋值,不能给数组整体赋值。

例如:给十个元素全部赋 1 值,只能写为:

int a[10] = ｛1, 1, 1, 1, 1, 1, 1, 1, 1, 1｝;

而不能写为:

int a[10] =1;

但是如果给一个数组中全部元素值赋值为 0,可以写成:

int a[10] = ｛0, 0, 0, 0, 0, 0, 0, 0, 0, 0｝;

或者

int　a[10] = ｛0｝;但是不能写成 int a[10] = ｛10 * 0｝;

(3)如给全部元素赋值,则在数组说明中,可以不给出数组元素的个数。

例如:

int a[5] = ｛1, 2, 3, 4, 5｝;

可写为:

int a[ ] = ｛1, 2, 3, 4, 5｝;

在第二种写法中,花括号中有 5 个数,系统就会据此自动定义 a 数组的长度为 5。但若数组长度与提供初值的个数不相同,则数组长度不能省略。例如,想定义数组长度为 10,就不能省略数组长度的定义,而必须写成:

int　a[10] = ｛1, 2, 3, 4, 5｝;

表示只初始化前 5 个元素,后 5 个元素为 0。

(4)除了在定义数组变量时用初值列表为数组做整体赋值外,C 语言无法用 C 语句对数组变量做整体赋值。也就是说,下面的做法是错误的:

```
int a[5];        //定义一个数组 a
a = {1, 2, 3, 4, 5}; //错误,不能一次性赋值
a[ ] = {1, 2, 3, 4, 5}; //错误,不能一次性赋值
```

因为 a 是数组名,表示数组在内存中的地址,不能被赋值。要想在程序的执行部分对数组进行赋值,必须利用循环语句对数组各个单元进行赋值。

```
int a[3], k;
for(k = 0; k < 3; k + +)
  scanf("%d", &a[k]);
```

(5)如果没有为数组变量赋初值,则在定义数组变量时不能省略数组的大小。

【例 7.2】 输入 10 个数字并输出最大值。

```
#include < stdio. h >
main( )
{
  int i, max, a[10];
  printf("input 10 numbers:\n");
  for(i = 0; i < 10; i + +)
    scanf("%d", &a[i]); // 逐个赋初值,知识点 2
    max = a[0];
  for(i = 1; i < 10; i + +)
    if(a[i] > max) max = a[i];
    printf("maxmum = %d\n", max);
}
```

本例程序中第一个 for 语句逐个输入 10 个数到数组 a 中。然后把 a[0]送入 max 中。在第二个 for 语句中,从 a[1]到 a[9]逐个与 max 中的内容比较,若比 max 的值大,则把该下标变量送入 max 中,因此 max 总是在已比较过的下标变量中为最大者。比较结束,输出 max 的值。

【例 7.3】 输入 10 个数字并按从大到小的顺序排列。

```
#include < stdio. h >
main( )
{
  int i, j, p, q, s, a[10];
  printf("\n input 10 numbers:\n");
  for(i = 0; i < 10; i + +) //逐个赋初值,知识点 2
    scanf("%d", &a[i]);
  for(i = 0; i < 10; i + +)
  {
    p = i; q = a[i];
    for(j = i + 1; j < 10; j + +)
      if(q < a[j])
```

```
       { p = j; q = a[j]; }
       if( i! = p)
       { s = a[i];
         a[i] = a[p];
         a[p] = s;
       }
   printf(" % d", a[i]);
   }
}
```

　　本例程序中用了两个并列的 for 循环语句,在第二个 for 语句中又嵌套了一个循环语句。第一个 for 语句用于输入 10 个元素的初值。第二个 for 语句用于排序。本程序的排序采用逐个比较的方法进行。在 i 次循环时,把第一个元素的下标 i 赋予 p,而把该下标变量值 a[i] 赋予 q。然后进入小循环,从 a[i+1] 起到最后一个元素逐个与 a[i] 作比较,有比 a[i] 大者则将其下标送 p,元素值送 q。一次循环结束后,p 即为最大元素的下标,q 则为该元素值。若此时 i≠p,说明 p,q 值均已不是进入小循环之前所赋之值,则交换 a[i] 和 a[p] 之值。此时 a[i] 为已排序完毕的元素。输出该值之后转入下一次循环。对 i+1 以后各个元素排序。

　　【例7.4】　对排序数列进行折半查找。

　　(1)算法分析。

　　用折半查找法的前提是:数据已按一定规律(升序或降序)排列好。其基本思路即先检索序列 1/2 处的数据,看它是否为所需的数据,如果不是,则判断要找的数据是在当中数的左边还是右边,下次就在这个范围内查找,如果不在该范围内,每次将查找范围缩小一半,直到找到这个数或得出找不到的结论为止。假如有一组有 19 个数的数列:

　　2,5,6,7,8,13,15,17,19,21,23,25,26,27,28,35,41,52,63

　　查找步骤如下:

　　①要找 26 这个数,则先用中间的第 10 个数即 21 与 26 比较:

　　· 看这个数是否为要找的数 26。要是就找到了。

　　· 不是,则比较这个数与要找的数哪个大,以确定下一步在哪个范围内找。

　　由于 26 比 21 大,可以确定 26 在第 10 个数的下一个数到第 19 个数之间,查找范围缩小了一半,为:23,25,26,27,28,35,41,52,63

　　②接着取第 10 个数到第 19 个数之间的中间数——第 14 个数(27),然后进行比较:

　　· 看这个数是否为要找的数 26。要是就找到了。

　　· 不是,则比较这个数与要找的数哪个大,以确定下一步在哪个范围内找。

　　由于 26 比 27 小,可以确定 26 在第 10 个数到第 14 个数之间,查找范围又缩小了一半,为:23,25,26,27,28

　　③接着取第 10 个数到第 14 个数之间的中间数——第 12 个数(25),然后进行比较:

　　· 看这个数是否为要找的数 26。要是就找到了。

　　· 不是,则比较这个数与要找的数哪个大,以确定下一步在哪个范围内找。

　　由于 26 比 25 大,可以确定 26 在第 12 个数到第 14 个数之间,查找范围又缩小了一半,为:25,26,27

④再取中间数，就找到了。

（2）算法设计。

①为了设计这个算法，首先设三个变量 top，mid，bot 分别指向数列的开头、中间和末尾。然后使用重复算法，按照前面介绍的判断原则，通过迭代这三个值，不断缩小查找范围。具体算法如图 7.2 所示。

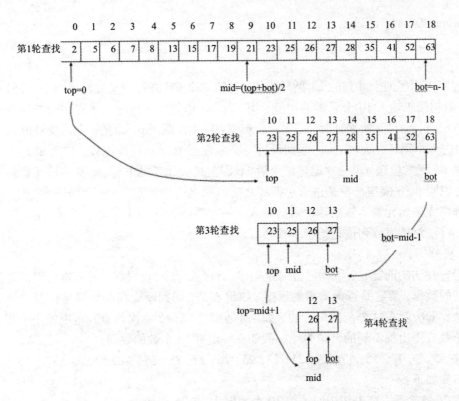

图 7.2　折半查找中的三个临时变量间的迭代

②迭代查找过程的终止条件。

设数组为 a，要查找的元素为 x，则上述迭代查找过程在下面的情况下终止：

· 找到 a[mid] = x；

· top > but。

算法结构如图 7.3 所示。

（3）程序编码。

```
#include <stdio. h>
#include <stdlib. h>
#define N 19
int main ( )
{
int a[N] = {2, 5, 6, 7, 8, 13, 25, 17, 19, 21, 23, 25, 26, 27, 28, 35, 41, 52, 63};
```

定义数组，并初始化		
输入要查找的元素		
top=0,bot=n-1		
while(top<=bot)		
	mid=(top+bot)/2	
	x==a[mid]	x>a[mid]	x<a[mid]
	输出找到信息	top=top+1	bot=bot-1

图7.3 算法结构

```
//知识点1
int mid, top, bot, x;
top = 0;
bot = N - 1;
printf("请输入要找的数: ");
scanf("%d", &x);
while(top <= bot)
{
mid = (top + bot)/2;
if (x == a[mid])
{
    printf("\n找到的数%d是: a[%2d]\n", x, mid);
    exit(0);
}
else if (x > a[mid]) top = mid + 1;
else bot = mid - 1;
}
printf("没有找到该元素! \n");
return 0;
}
```

下面是三次测试结果：

第一次测试边界处的数

请输入要找的数：63

找到的元素63是：a[18]

第2次测试数列中有的数

请输入要找的数：26

找到的数63是：a[12]

第3次测试数列中没有的数

请输入要找的数：10

没有找到该数!

以上测试结果正确，没有发现程序中有错误。

7.2 二维数组

7.2.1 二维数组的定义

知识点1：掌握二维数组定义的一般形式。

二维数组定义的一般形式是：

类型说明符 数组名[常量表达式1][常量表达式2]

其中常量表达式1表示第一维下标的长度，常量表达式2表示第二维下标的长度，例如：

int num[3][4];

说明了一个3行4列的数组，数组名为num，该数组共包括3×4个数组元素，即：

num[0][0]，num[0][1]，num[0][2]，num[0][3]，

num[1][0]，num[1][1]，num[1][2]，num[1][3]，

num[2][0]，num[2][1]，num[2][2]，num[2][3]，

知识点2：可以在一个定义行中定义同一类型的变量、一维数组和二维数组（或多维数组）。

例如：

int i, a[3], b[3][4], c[2][5];

上面定义了一个整型变量i，一个整型一维数组a，两个整型二维数组b（3行4列）和c（2行5列）。

知识点3：二维数组一经定义，系统将为之开辟一个连续的存储空间。在这个存储空间中，数组的元素是连续顺序存放的。对二维数组来说，先存放第一行，再存放第二行，…；而每一行中的元素，要先存放下标为0的元素，再存放下标为1的元素，…。

图7.4(a)是二维数组存储顺序的示意，图7.4(b)是各数据元素在内存中的存储情况示意。

7.2.2 二维数组的引用

知识点1：无论是一维数组还是二维数组，都不能对数组进行整体引用，只能对具体的元素进行访问。

二维数组的元素也称为双下标变量，其表示的形式为：

数组名[下标][下标];

例如a[2][3]，表示数组元素的第2行第3列对应位置的元素。下标1是行下标，下标2是列下标。下标可以是整型表达式，如a[2-1][2*2-1]，请不要写成a[2,3]形式，是错误的表示方式。在使用元素请注意如下事项：

知识点2：下标值不能越限，跟一维数组一样，不能越限。

例如，定义一个数组int a[3][4];那么数组a的元素不能有a[3][4]这个元素，它的元素只有a[0][0]，a[0][1]，a[0][2]，a[0][3]，a[1][0]，a[1][1]，a[1][2]，

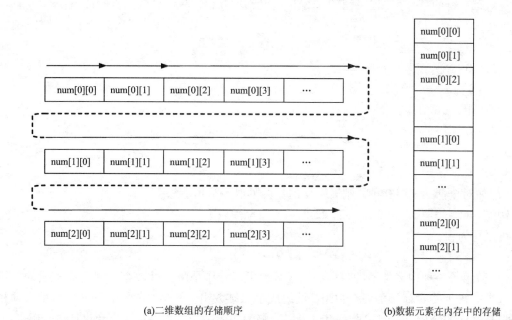

(a)二维数组的存储顺序   (b)数据元素在内存中的存储

图7.4 二维数组元素的存储

a[1][3]，a[2][0]，a[2][1]，a[2][2]，a[2][3]这12个元素。即行下标不能超过2，列下标不能超过3。

知识点3：能够区分数组的定义和数组元素的引用。

要区分定义数组 int a[3][4]和引用数组元素 a[3][4]，前者用 a[3][4]来定义数组的维数和各维的大小，是一个3行4列的数组，总共包括12个元素，每个元素的类型都是整型；后者 a[3][4]中的3和4是数组元素的下标值，a[3][4]代表行序号为3，列序号为4的单个元素(行序号和列序号都是从0开始)。

7.2.3 二维数组的初始化

知识点1：二维数组初始化是在类型说明时给各下标变量赋以初值。

知识点2：二维数组可按行分段赋值，也可按行连续赋值。

例如对数组 a[3][4]：

按行分段赋值可写为：

int a[3][4] = { {1，2，3，4}，{5，6，7，8}，{9，10，11，12} }；

按行连续赋值可写为：

int a[3][4] = { 1，2，3，4，5，6，7，8，9，10，11，12 }；

这两种赋初值的结果是完全相同的。

知识点3：掌握二维数组初始化的几点说明。

说明：

(1)可以只对部分元素赋初值，未赋初值的元素自动取0值。

例如：int a[3][3] = { {1}，{2}，{3} }；

是对每一行的第一列元素赋值，未赋值的元素取 0 值。赋值后各元素的值为：

1 0 0

2 0 0

3 0 0

int a［3］［3］＝｛｛0，1｝，｛0，0，2｝，｛3｝｝；

赋值后的元素值为：

0 1 0

0 0 2

3 0 0

（2）如对全部元素赋初值，则第一维的长度可以不给出。

例如：int a［3］［3］＝｛1，2，3，4，5，6，7，8，9｝；

可以写为：

int a［ ］［3］＝｛1，2，3，4，5，6，7，8，9｝；

（3）数组是一种构造类型的数据。二维数组可以看作是由一维数组的嵌套而构成的。设一维数组的每个元素都又是一个数组，就组成了二维数组。当然，前提是各元素类型必须相同。根据这样的分析，一个二维数组也可以分解为多个一维数组。C 语言允许这种分解。

例如二维数组 a［3］［4］，可分解为三个一维数组，其数组名分别为：

a［0］

a［1］

a［2］

对这三个一维数组不需另作说明即可使用。这三个一维数组都有 4 个元素，例如：一维数组 a［0］的元素为 a［0］［0］，a［0］［1］，a［0］［2］，a［0］［3］。必须强调的是，a［0］，a［1］，a［2］不能当作下标变量使用，它们是数组名，不是一个单纯的下标变量。

【例7.5】 编写一程序，求 3 个学生每个学生三门功课的平均成绩。

分析：

第一步：先定义一个二维数组，用来存放 3 个学生 3 门功课成绩：int a［3］［3］；再定义一个一维数组用来存放每个学生 3 门功课的平均成绩存放：int v［3］；

第二步：输入学生成绩；

第三步：求每个学生平均成绩：v［i］＝（a［i］［0］＋ a［i］［1］＋ a［i］［2］）/3；

第四步：输出成绩；

程序如下：

```
#include" stdio. h"
void main（ ）
{
  int a［3］［3］, i, j;
  int v［3］, s;
  for（i ＝0; i ＜ ＝2; i ＋ ＋）
  {  printf（" 请输入第％d 个学生的成绩\n", i ＋1）;
    for（j ＝0; j ＜ ＝2; j ＋ ＋）
```

```
      scanf("%d", &a[i][j]);
    }
  for(i = 0; i < = 2; i + +)
  {
    s = 0;
    for(j = 0; j < = 2; j + +)
      {s = s + a[i][j];        // 知识点 1
      v[i] = s/3;
      }
  }
  for(i = 0; i < = 2; i + +)
  printf("%d, %d\n", i + 1, v[i]);
}
```

【例7.6】 将一个二维数组的行和列交换，生成另一个二维数组。

分析：这个题目实际上完成的是数学上求一个矩阵的转置矩阵，即第一行变为第一列，第 i 行变为第 i 列。原二维数组若为 i 行 j 列，则转换后的新数组为 j 行 i 列。

转换的表达式为 b[j][i] = a[i][j]。

程序如下：

```
#include    <stdio.h>
main( )
{
  int a[2][3] = {{1, 2, 3}, {4, 5, 6}}, b[3][2], i, j;
  printf("array a:\n");
  for(i = 0; i < = 1; i + +)          //输出 a 数组
    {
      printf("   ");                  //使输出的 a 数组元素值向右移
      for(j = 0; j < = 2; j + +)
      printf("%4d", a[i][j]);
      printf("\n");
    }
  for(i = 0; i < = 1; i + +)          //行列交换
    for(j = 0; j < = 2; j + +)
    b[j][i] = a[i][j];
  printf("array b:\n");
  for(i = 0; i < = 2; i + +)          //输出 b 数组
    {
      printf("   ");
      for(j = 0; j < = 1; j + +)
      printf("%4d", b[i][j]);
```

```
        printf(" \n") ;
    }
}
```
运行结果：
    array a：
        1 2 3
        4 5 6
    array b：
        1 4
        2 5
        3 6

7.3 字符数组

7.3.1 字符数组与字符串

知识点 1：掌握字符数组及其初始化。

字符数组是以字符为元素的数组，它的定义与初始化方法与一维数组相同。下面是两个定义字符数组的例子：

```
char str1[ ] = {'C', 'h', 'i', 'n', 'a'};    //知识点 1
char str2[12] = {'C', ' ', 'p', 'r', 'o', 'g', 'r', 'a', 'm', 'i', 'n', 'g'};    //知识点 1
```

知识点 2：掌握字符串及其初始化。

在 C 语言中，把用一对双撇号括起来的零个或多个字符序列称为字符串常数。例如："hello"，"Programming inC"，"A"，"a"，""等。

字符串以双撇号为定界符，但双撇号并不属于字符串。要在字符串中插入撇号，应借助转义字符。例如要处理字符串"I say: 'Goodby!'"时，可以把它写为

"I say:\ 'Goodby! \'"

实际上，字符串是一种字符型数组，并且这个数组的最后一个单元的值是' \0'（即数值0）。也就是说，字符串是一种以' \0'结尾的字符数组。这个结尾的字符' \0'什么也不干，唯一的作用是标志字符串到此结束。

比如，字符串常量"abcde"的内存映像是：

我们可以利用字符数组变量存放字符串，字符串的定义和初始化可以有如下几种形式：

```
char str[6] = {'C', 'h', 'i', 'n', 'a', '\0'};
char str[6] = {"China"};
char str[6] = "China";
char str[ ] = {"China"};
```

应当注意，定义字符串时，一定要注意给定的字符数组的大小要比实际存储的字符串中的有效字符数多1。

在定义时，数组大小没有的情况下，如

char str[ ] = "China" ;

上面的变量定义等价于：

char str[ ] = { 'C' , 'h' , 'i' , 'n' , 'a' , '\0' } ; //字符数组的大小是6

但却不等价于：

char str[ ] = { 'C' , 'h' , 'i' , 'n' , 'a' } ; //字符数组的大小是5

也可以这样为一个字符数组变量赋初值：

char str[10] = "China" ; //大小是10

它等价于：

char str[10] = { 'C' , 'h' , 'i' , 'n' , 'a' } ; //为指定值的字符单元默认被赋值为0了。

7.3.2　字符串的输入与输出

知识点1：掌握字符串的三种输入输出操作。

在定义了一个字符串后，可以采用下面的三种方式进行输入/输出操作：

①使用格式化输入输出函数(printf 和 scanf)，用%c 格式输入输出。

②使用格式化输入输出函数(printf 和 scanf)，用%s 格式输入输出。

③使用字符串处理函数 puts( ) 和 gets( ) 输入输出。

采用%c 格式的标准化输入输出，可以对字符数组的元素进行逐个输入输出。为了能输出整个字符数组，一般要使用循环结构。在用 scanf 函数进行输入时在数组元素前要加地址运算符 &，如同输入变量时一样。

将整个字符串一次性输入输出，采用格式"%s"。

下面主要介绍后面两种用于进行字符串整体输入输出的方式，这是两种对字符串进行整体输入输出的形式。

1. 采用 scanf 函数输入输出字符串

scanf 函数作为输入字符串时，会自动在字符串后面加' \0 '，下面用一个例子进行说明。

char str[200] ;

int k ;

printf("input a string:\n") ;

scanf("%s" , str) ; //用 str 就足够了，不需要使用 &str，知识点 1

for(k = 0 ; str[k]! = 0 ; k + +) ; //空循环，用于计算字符串的长度

printf("the length of the string is %d\n" , k) ;

对这个程序及其输出结果说明如下：

(1)不需要在 scanf 函数中的字符数组名前加地址运算符 &。因为数组名就是数组首元素的地址，现在是用数组名作为实参，向 scanf 函数传递字符数组首元素的地址；

(2)输入字符后，系统会自动为字符串添加一个字符串结束标志符' \0 '。

(3)但利用 scanf 函数输入字符串有个不足，当遇到空格时，scanf 的输入操作便终止了。我们无法利用 scanf 函数输入一个包含多个单词和空格的句子。

(4)用"%s"格式符输入字符串时,空格和回车符都作为输入数据的分隔符而不能被读入。

(5)若在程序中使用 printf 函数输出字符串时 printf("%s", str);,"%s"对应的参数必须是字符串的第一个字符的地址,printf 函数遇到第一个'\0'就认为是该字符串的结束,但只输出'\0'之前的字符。输出结束后不自动换行。

2. 使用字符串处理函数 gets 和 puts 实现输入输出

gets 函数和 puts 函数也是 stdio. h 标准库中的两个非格式化输入输出函数。因为我们无法利用 scanf 函数输入一个包含多个单词和空格的句子,但是 gets 函数能输入完整句子。

gets 函数的调用格式:gets(字符数组变量名);

gets 函数的主要功能:接收键盘输入,将输入的字符串存放在参数数组中,当遇到回车时返回,gets 函数的会自动在字符串后面添加结尾字符'\0'。

char str[80];

gets(str);

当输入:Hello 空格 the 空格 world 时,str 中的字符串将是:"Hello the world"。

puts 函数用来输出一个字符串,它的作用与 printf("%s", 字符串)相同。但用 puts 函数一次只能输出一个字符串,不能企图用 puts (str1, str2)的形式一次输出两个字符串。

【例 7.7】 用 gets 和 puts 函数进行输入输出。

```c
#include <stdio. h>
int main(void)
{
    char str[13];
    printf("请输入一个字符串: \n");
    gets (str);        //知识点 1
    puts (str);
    puts (str);
    return 0;
}
```

运行情况如下:

请输入一个字符串:

Computer & C↙

Computer & C

Computer & C

可以看到,在输入的字符串中包含了两个空格。说明用 gets()可以读入包括空格字符的字符串。用 puts()输出时,将"\0"字符转换成换行符,因此用 puts()时一次输出一行,不必另加换行符。

注意:在调用 puts 和 gets 时,必须在程序的开头出现包含头文件 stdio. h 的命令行。

7.3.3 字符串处理函数

C 语言的库函数中提供了一些用于字符串运算的函数,除了上面已介绍的用于输入输出的 gets 和 puts 函数以外,还在 string. h 库中提供了一些用于字符串处理的标准函数。所以要使用这些函数,应当使用文件包含命令:

#include ＜ string. h ＞

或

#include" string. h"

知识点 1:掌握字符串复制(拷贝)函数 strcpy 使用方法。

strcpy(s1 , s2);

把 s2 所指字符串的内容复制到 s1 所指存储空间中,函数返回 s1 的值。

注意:s1 必须指向一个足够容纳 s2 字符串的存储空间。

知识点 2:掌握字符串连接函数 strcat 的使用方法。

strcat(s1 , s2);

把 s2 所指字符串的内容连接到 s1 所指的字符串后面,并自动覆盖 s1 末尾的'\0'。

注意:s1 所指字符串应有足够的空间容纳两串合并后的内容。

【例 7.8】 分析下列程序的运行结果:

```
#include    ＜ string. h ＞
#include    ＜ stdio. h ＞
main( )
{
   char str1[30] = "My name is";
   char str2[10];
   printf("Input your name: ");
   gets(str2);
   strcat(str1, str2);    //知识点 2
   puts(str1);
}
```

从键盘输入名字字符串存入 str2 数组,执行连接字符串函数后,将 str1 与 str2 合并存入 str1 中,其运行结果为:

Input your name: XiaoMing↙

My name is XiaoMing

知识点 3:掌握求字符串长度函数 strlen 的使用方法。

strlen(s);

此函数计算出以 s 为起始地址的字符串长度,并作为函数值返回。这一长度不包括串尾的结束符'\0'。

【例 7.9】 用求字符串长度函数 strlen 求出字符串的长度。

```
main( )
{
char ∗ s = "I am a student";
clrscr( );
printf("%s has %d chars", s, strlen(s));    //知识点 3
```

```
getchar();
}
```

输出：14

知识点 4： 掌握字符串比较函数 strcmp 的使用方法。

strcmp(s1, s2);

该函数用来比较 s1 和 s2 所指字符串的大小。若 s1 > s2，该函数值大于 0（正数）；若 s1 = s2，该函数值等于 0；若 s1 < s2，该函数值小于 0（负数）；

字符串比较：依次对 s1 和 s2 所指字符串对应位置上的字符，两两进行比较，当出现第一对不相同的字符时，即由这两个字符决定所在串的大小（ASCII 码值）。

【例 7.10】 字符串函数的简单应用

```c
#include < stdio. h >
#include < string. h >//字符串处理函数头文件
#define N1 20
#define N2   8
int main( void)
{
    char c;
    char str1[N1] = "abcdefg", str2[N2] = "hijklm"; //定义并初始化两个字符串
    printf( "\nstr1 = % s, str2 = % s\n", str1, str2);    //输出化两个字符串初始值
    printf( "\nstrcat 的返回值:% ld\n", strcat( str1, str2)); //知识点 2
    printf( "\n 连接后的 str1 = % s\n", str1);
    printf( "\nstrlen 的返回值:% d\n", strlen( str1)); //求字符串 str1 长度,知识点 3
    return 0;
}
```

运行结果：

str1 = abcdefg, str2 = hijklm

strcat 的返回值：1245032

连接后的 str1 = abcdefghijklm

strlen 的返回值：13

从运行结果可以看出：

(1)连接后的 str1 为"abcdefghijklm"，将原来的 str2 连接到 str1 的后面。

(2)连接后 strcat 函数的返回为 1245032 为地址，即 str1 中第 1 个字符 a 的位置，内存是按字节编址的。

(3)连接后的 str1 中的有效字符数为 13，即其长度为 13。

【例 7.11】 输入 5 个字符串，输出其中最小的字符串。

```c
#include < stdio. h >
#include < string. h >
#define N 10
int main( void)
```

```
{
    char str[N], min[N];
    int i;
    printf("先输入第 1 个字符串:");
    gets(min);  //先输入一个字符串到 min 中
    for(i = 2; i < = 5; i + +)// 输入后面第 2 到第 5 个字符串
{
    printf("输入第%d 个字符串:", i);
    gets(str);
    if(strcmp(min, str) >0)// 总把最小的字符串放到 min 中,知识点 4
    strcpy(min, str);    //知识点 1
}
    printf("\n 最小的字符串是:%s\n", min);
    return 0;
}
```

运行情况如下:

先输入第 1 个字符串:China
输入第 2 个字符串:U. S. A
输入第 3 个字符串:Canada
输入第 4 个字符串:Korea
输入第 5 个字符串:Japan
最小的字符串是:Canada

说明:

(1)C 语言中的字符大小是以字符的 ASCII 码值进行比较。字符串比较的方法是首先对两个字符串中的第 1 个字符进行比较,如果相等则比较下一对字符,……,直到比较完或找到一对不相等的字符为止。有不相等的字符对出现,则字符的 ASCII 值大的字符串就是大的字符串。如果找不到不同的字符串,就称两个字符串相等。

(2)字符串之间不能进行赋值操作,只能采用复制的方法把一个字符串保到另一个字符串空间(即字符数组)中。但是,要求这个字符数组必须能容纳要复制的字符串。

本章小结

(1)在 C 语言中使用数组必须先进行定义,后使用。

(2)数组元素是组成数组的基本单元。数组元素也是一种变量,其标识方法为数组名后跟一个下标。下标表示了元素在数组中的顺序号。

(3)数组初始化赋值是指在数组定义时给数组元素赋予初值。

(4)二维数组定义的一般形式是:类型说明符 数组名[常量表达式 1][常量表达式 2];

(5)二维数组初始化是在类型说明时给各下标变量赋以初值。二维数组可按行分段赋值,也可按行连续赋值。

(6)字符数组是以字符为元素的数组,它的定义与初始化方法与一维数组相同。

(7)在定义了一个字符串后,可以采用下面的三种方式进行输入/输出操作:

· 使用格式化输入输出函数(printf 和 scanf),用%c 格式输入输出。

· 使用格式化输入输出函数(printf 和 scanf),用%s 格式输入输出。

· 使用字符串处理函数 puts( )和 gets( )输入输出。

(9)字符串处理函数。

习　题

7.1　选择题

(1)以下能正确定义一维数组的选项是_____。

(A) int num[ ];
(B)#define N 100; int num[N];

(C) int num[0…100]
(D) int N=100; int num[N];

(2)假设 int 类型变量占用2 个字节,其有定义:int x[10] = {0,2,4};,,则数组 x 在内存中所占的字节数是_____。

(A) 3　　　　(B) 6　　　　(C) 10　　　　(D) 20

(3)以下数组定义中不正确的是_____。

(A) int a[2][3];

B) int b[ ][3] = {0,1,2,3};

(C) int c[100][100] = {0};

(D) int d[3][] = {{1,2},{1,2,3},{1,2,3,4}};

(4)有以下程序:

```
main( )
{int aa[4][4] = {{1,2,3,4},{5,6,7,8},{3,9,10,2},{4,2,9,6}};
int i, s =0;
for(i =0; i <4; i + +)
    s + =aa[i][1];
printf("%d\n", s);
}
```

执行后的输出结果是_____。

(A) 11　　　　(B) 19　　　　(C) 13　　　　(D) 20

7.2　下列数组的初始化语句中,哪个是错误的? 指出错在什么地方。

(1)int arr = {1,2,3,4,5};

(2)int arr[ ] = {1,2,3,4,5};

(3)int arr[3] = {1,2,3,4,5};

(4)int arr[6] = {1,2,3,4,5};

(5)int arr[6] = {1, 2.3, 3.4, 4.5, 5.6};

(6)int arr[6] = (1,2,3,4,5,6);

(7)arr[5] = {1,2,3,4,5};

（8）int n = 5；char str[n] = {'1'，'2'，'3'，'4'，'5'}；

7.3 用初始化方法使数组 a 的 10 个元素值分别为 1，2，3，4，5，6，7，8，9，10，然后将数组元素顺序输出。

7.4　用筛选法求 100 之内的素数。

7.5　从键盘输入 10 个整数，存入数组 a 中，然后分别按原序和逆序输出。

7.6　用冒泡法对从键盘输入的 6 个整数按升序排序。（"冒泡排序法"算法描述如下：对于 6 个数据，需要进行 5 轮排序。在每一轮中，从前往后比较相邻的两个数，如果前面的数大，则交换这两个数。经过这样一轮比较、交换，就将其中的最大数放到了数列的最后，即大数沉到了底部，小数向前移了一个位置。下一轮排序开始，上一轮的最大数将不再参与比较，剩余数仍按前述方法进行比较，每轮比较完成，都将本轮的大数放到了本轮比较的数列的最后，小数向前移一个位置。经过 5 轮比较后，6 个数即按升序排列。）

7.7　将一个二维数组的行和列交换，生成另一个二维数组。

7.8　输出以下的杨辉三角形（要求输出前 10 行）。

```
1
1   1
1   2   1
1   3   3   1
1   4   6   4   1
1   5   10   10   5   1
...
```

项目八　指　针

【本章要点】

指针是 C 语言中的一个重要的概念。正确而灵活的运用指针,可以使程序简洁、紧凑、高效。所以应该深入地学习和掌握指针,不掌握指针就是没有掌握 C 语言的精华。本章将介绍指针的概念、指针变量的引用、数组与指针、字符串与指针等知识点。

8.1　指针基础

8.1.1　地址与指针

知识点 1:了解程序实体的内存地址。

一个程序一经编译,在其执行过程中,就会为变量、数组以及函数分配存储空间。这些变量、数组、函数都称为程序实体,也具有某一种数据类型。这些被分配了内存空间的程序实体,都具有自己的内存地址。

下面首先通过一个程序看看变量在内存中的存储和地址分配。

【例 8.1】　计算变量在内存中存储时占用的字节。

```
#include  < stdio. h >
int main( void)
{
    int i1 , i2;
    float f1 , f2;
    double d1 , d2;
    printf(" 数据大小: int, % d; float, % d; double, % d\n",
    sizeof(i1) , sizeof(f1) , sizeof(d1)) ; //输出类型宽度
    printf(" % ld, % ld\n", &i1, &i2) ;          // 输出变量地址
    printf(" % ld, % ld\n", &f1, &f2) ;
    printf(" % ld, % ld\n", &d1, &d2) ;
    return 0;
}
```

运行结果如下:

数据大小: int , 4; float , 4; double , 8

2028 , 2024

2020 , 2016

2008，2000

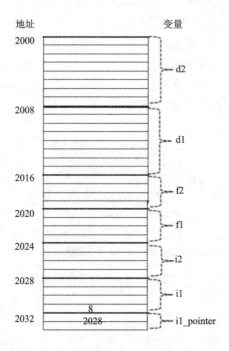

图 8.1 内存分配示意图

解释：

①变量存储空间的分类顺序：先声明的后分配。

②每个变量只有一个地址，对于变量 i1 和地址 2028 对应于同一个存储空间，各个变量所占用的空间不同，空间的大小因类型而异。（int 型值在 32 和 64 位操作系统上都是 4 个字节）。

③请务必弄清楚一个内存单元的地址与内存单元的内容这两个概念的区别，假设给变量 i1 赋值 8，则如图 8.1 所示，变量 i1 中存储的内容是 8 这个整数。在程序中，一般是通过变量名来对内存单元进行存取操作的。其实，程序经过编译以后，已经将变量名转换为变量的地址。如果把以地址 2028 作为起始地址，连着的 4 个字节（2028～2031）作为一个整个内存空间的话，那个 i1 是这个内存空间的变量名字，2028 是这个内存空间所对应的起始物理地址。反过来说，i1 和地址 2028 指向同一个内存空间。而这个内存空间存放的值为一个整数 8。如果我们要将 i1 的值赋值给 i2，则必须找到 i1 的地址，从中找到 8，然后取出来传给 i2。这种按变量地址存取变量值的方式称为"直接访问"方式。

还可以采用另一种称之为"间接访问"的方式，将变量 i1 的地址存放在另一个变量中。按 C 语言的规定，可以在程序中定义整型变量、实型变量、字符变量等，也可以定义这样一种特殊的变量，它是存放地址的。假设我们定义了一个变量 i1_pointer，用来存放整型变量的地址，它被分配为 2032、2033 两个字节。可以通过下面的语句将 i1 的地址（2028）存放到变量 i1_pointer 中。

i1_pointer = &i1 ;

这时, i1_pointer 的值就是 2028, 即变量 i1 所占用单元的起始地址。要存取变量 i1 的值, 也可以采用间接方式: 先找到存放"i1 的地址"的变量 i1_pointer, 从中取出 i1 的地址(2028), 然后到 2028 ~ 2031 字节中取出 i1 的值(6)。

知识点 2: 弄清楚指针的概念。

所谓指向就是通过地址来体现的。假设 i1_pointer 中的值为 2028, 它是变量 i1 的地址, 这样就在 i1_pointer 和变量 i1 之间建立起一种联系, 即通过 i1_pointer 能知道 i1 的地址, 从而找到变量 i1 的内存单元。如图 8.2 所示的关系。

图 8.2 指针变量与普通变量对应关系

由于通过地址能找到所需要的变量单元, 我们可以说, 地址指向该变量单元(如同说, 一个房间号"指向"某一房间一样)。因此在 C 语言中, 将地址形象化地称为"指针"。意思是通过它能找到以它为地址的内存单元(例如根据地址 2028 就能找到变量 i1 的存储单元, 从而读取其中的值)。

8.1.2 指针变量及其定义

知识点 1: 指针变量的定义。

普通的变量可以用来存放数值(如整数、实数等), 也可以用来存放地址(另一个变量的地址), 这种专门用于存储指针(地址)的变量就称为指针变量。

一个变量的地址称为该变量的"指针"。例如, 地址 2028 就是变量 i1 的指针。如果有一个变量专门用来存放另一个变量的地址(即指针), 则称为"指针变量"。

| 指针变量 | 地址 | 另一个变量的地址 |

如图 8.3 所示, i1_pointer 就是指针变量。指针变量的值(即指针变量中存放的值 2028)是地址(即指针)。请区分"指针"和"指针变量"这两个概念。例如, 可以说变量 i1 的指针是 2028, 而不能说 i1 的指针变量是 2028。

知识点 2: 指针是一个地址, 而指针变量是用来存放地址的变量。

知识点 3: 掌握指针的定义形式及几点说明。

由于每一个变量都是属于一个特定类型的, 因此在定义指针变量时, 需要声明该变量的类型, 以便能通过指针能正确访问特定类型的数据。

定义一个指针的语法格式为:

图 8.3 指针变量与普通变量

基类型标识符 ＊ 指针变量名；

例如：

int ＊ pi1，＊ pi2； // 定义了两个指向 int 类型数据的指针 pi1 和 pi2

double ＊ pd1，＊ pd2； // 定义了两个指向 double 类型数据的指针 pd1 和 pd2

说明：

①"基类型"，就是指针要指向的数据的类型。

②定义指针变量时，在指针变量名前加符号"＊"。"＊"称为指针声明符，用于说明它后面的名字是一个指针变量名。例如语句：

int i1，i2，＊ pi1，＊ pi2；

定义了两个数据变量 i1 和 i2，还定义了两个指向 int 类型的指针 pi1 和 pi2。

注意：指针变量名是 pi1 和 pi2，而不是 ＊ pi1 和 ＊ pi2。

知识点 4：掌握指针的两种基本操作符。

指针和所指向的存储单元(变量)之间可以进行两种运算："＊"和"&"。

①"&" 取地址运算符 。

②"＊" 指针运算符(间接访问运算符)。

int a = 3；

int ＊ p；

p = &a； //把 a 的地址赋给 p，即 p 指向 a。

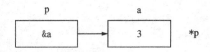

＊ p：p 所指向的变量 a。

知识点 5：掌握指针运算几点注意事项。

指针运算注意事项：

①当 p = &a 后，＊ p 与 a 的相同。

②int ＊ p；定义一个指针变量 p

＊ p = 10；给 p 所指向的变量赋值 10，即 a = 10。

③& ＊ p 与 &a 相同，是地址；

　　 ＊ &a 与 a 相同，是变量。

④当 p = &a 时：

（ * p ）+ + 等价于 a + + , 将 p 所指向的变量值加 1, 即 a 里面的存放的内容加 1, 如果 a 里面原来是 3, 现在变成 4。

* p + + 等价于 * (p + +)。先根据 * p 读取 p 所指向的变量的值 3, 然后将指针 p 指向下一个单元。即指针 p 不再指向变量 a。

【例 8.2】 指针的两种基本操作符简单应用。

```
main( )
{
    int a = 3, * p; // 知识点 3
    p = &a;
    printf("%d, %d\n", a, * p);
    scanf("%d", &a); // 知识点 4
    printf("%d, %d\n", a, * p); //知识点 4
    scanf("%d", p);
    printf("%d, %d\n", a, * p); //知识点 4
    * p = 10;
    printf("%d, %d\n", a, * p); // 知识点 4
}
```

输入 5 7

输出 3, 3

    5, 5

    7 , 7

    10, 10

【例 8.3】 指针运算符" * "与所指向的变量之间的关系应用。

```
main( )
{
    int a, b;
    int * p1, * p2;    //知识点 3
    a = 100; b = 10;
    p1 = &a; p2 = &b; // 知识点 4
    printf("%d, %d\n", a, b);
    printf("%d, %d\n", * p1, * p2); // 知识点 4
}
```

输出　100, 10

    100, 10

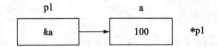

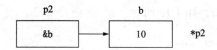

程序说明：程序中 p1 = &a，p2 = &b，如上图所示，p1 指向了变量 a，p2 指向了变量 b，所以 a 和 * p1 是相当的，b 和 p2 是相当的。所以两次都输出 100，10。

知识点 6：指针变量的初始化和赋值。

根据前面所述，指针变量存放的内容是另外一个变量的地址，那么要对指针变量进行初始，即将变量的地址赋值给指针。但必须注意：该变量的类型必须和指针变量的基类型相同。也可以用一个指针变量的值给另一个指针变量赋值，但它们应该具有相同的基类型。例如：

```
int i1, i2, i3;              // 定义 i1, i2, i3 为整型
int * pi1 = &i1, * pi2 = &i2; // 用整型变量的地址给基类型为整型的指针变量赋值
pi1 = &i3; // 给指针变量赋予基类型变量的地址
pi2 = pi1; // 用指针变量给指针变量赋值，它们的基类型都是 int
```

知识点 7：不要将一个变量的值赋给指向它的指针变量。

例如 pi1 = i1；或 pi2 = i1；都是错误的。应该是将变量的地址赋给指向它的指针变量。如：pi1 = &i1；或 pi2 = &i1；

【例 8.4】 指针赋值。

```
main( )
{
    int a, b;
    int * p1, * p2; // 知识点 3
    a = 100; b = 10;
    p1 = &a;     //知识点 4
    p2 = p1;      // 知识点 7
    p1 = &b;     //知识点 4
    printf("% d, % d\n", * p1, * p2);
}
```

输出：10 , 100

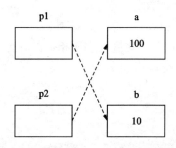

程序说明：语句 p1 = &a；说明 p1 指向变量 a，p2 = p1；让 p2 也指向变量 a，p1 = &b；p1

指向变量 b，不再指向变量 a，如上图所示，p1 指向变量 b，p2 指向变量 a，所以输出 100 和 10。

8.1.3　指针变量的引用

知识点 1：掌握指针变量的引用。

当一个指针变量被初始化或被赋值后，它就指向一个特定的变量。这时，就可以使用指针访问它所指向的内存空间。在 C 语言中使用指针访问它所指向的内存空间的方法是在指针变量名前加一个"＊"号。例如：

int i，＊pi；// 定义整型变量 i 和基类型为整型的指针变量 pi

pi ＝ &i；// 将整型变量 i 的地址赋给指针变量 pi

＊pi ＝5；//将整数 5 赋给 pi 指向的内存空间，即变量 i

前面提到过，此处的"＊"是"指针运算符"。又称为"间接访问运算符"，它作用于指针变量。＊pi 表示指针变量 pi 所指向的存储空间，即变量 i。＊pi 相当于变量 i，也就是说 ＊pi 和变量 i 是同一回事。

【例 8.5】　指针变量的引用。

```
#include < stdio. h >
int main( void)
{
  int i =0;
  int * pi = &i;
  * pi =5;     //知识点 1：引用指针变量
  printf(" * pi = % d, i = % d\n", * pi, i);
  i =8;
  printf("i = % d, * pi = % d\n", i, * pi);
  return 0;
}
```

运行结果：

＊pi ＝5，i ＝5

i ＝8，＊pi ＝8

可以看出，通过指针的间接操作后和对变量的直接操作的结果都相同。当指针指向变量 i 后，对 ＊pi 的操作就是对变量 i 的操作。

知识点 2：掌握在使用指针变量时需要注意事项。

(1)使用指针，首先应当区分指针变量与它所指向的存储单元之间的不同。

【例 8.6】　使两个指针变量交换指向。

```
#include < stdio. h >
int main( void)
{
  long int i1 =10, i2 =20, * p, * p1, * p2;
  p1 = &i1; p2 = &i2;
```

```
    printf ("i1 = % d，* p1 = % d；i2 = % d，* p2 = % d\n"，i1，* p1，i2，* p2);
    p = p1；p1 = p2；p2 = p；    //交换指针变量的值，即交换指针指向的单元的地址，
                                //知识点 2
    printf ("i1 = % d，* p1 = % d；i2 = % d，* p2 = % d\n"，i1，* p1，i2，* p2);
}
```

运行结果为：

i1 = 10，* p1 = 10；i2 = 20，* p2 = 20；

i1 = 10，* p1 = 20；i2 = 20，* p2 = 20；

这个程序的运行结果是交换了两个指针变量的值，即交换了两个指针的指向，但是并没有交换指针指向的两个变量的值。

分析：仔细分析上述程序可以看出，程序中实际交换的是两个指针的指向单元(地址)，而不是交换该两个存储单元的内容。交换后，p2 指向了 i1，p1 指向了 i2。由于指针指向的单元变了，因此它们指向的单元的内容当然也变了。这一过程如图 8.4 所示。注意交换时使用了与 p1 和 p2 类型相同的中间指针 p。

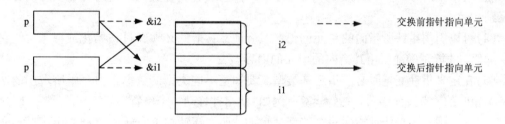

图 8.4　交换指针的指向对象

【例 8.7】　交换两个指针变量所指向的变量的值。

```
#include < stdio. h >
int main(void)
{
    int  * p1，* p2，i1 = 10，i2 = 20，i;
    p1 = &i1；p2 = &i2;
    printf ("i1 = % d，* p1 = % d；i2 = % d，* p2 = % d\n"，i1，* p1，i2，* p2);
    i = * p1；* p1 = * p2；* p2 = i;        // 知识点 2
    printf ("i1 = % d，* p1 = % d；i2 = % d，* p2 = % d\n"，i1，* p1，i2，* p2);
}
```

运行情况如下：

i1 = 10，* p1 = 10；i2 = 20，* p2 = 20；

i1 = 20，* p1 = 20；i2 = 10，* p2 = 10；

这个程序运行的结果，实际交换了变量 i1 和 i2 的值。而且交换是通过交换两个指针所指向的单元的内容(* p1 和 * p2)来实现的。交换时使用了一个 int 类型的中间变量 i。这个过程如图 8.5 所示。

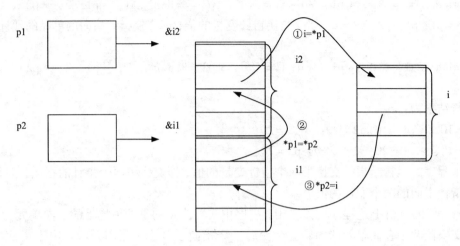

图8.5 交换指针所指向的单元的值

通过上面两个例子,可以看到:交换地址(即交换指向)和交换所指向的变量的值有本质的区别。

(2)可以引用指针所指向的单元的值,但应注意,指针必须经过初始化或赋值,使它有确定的值,才能正确地引用其指向的单元的内容。

(3)在定义指针变量时必须指定基类型。要知道不同类型的数据在内存中所占用的字节数是不相同的,当指针移动和指针运算,例如"使指针移动一个位置"或"使指针值加1"这个"1"代表什么呢?如果指针指向一个整型变量的,那么指针加1意味着移动4个字节(int型值在32和64位操作系统上都是4个字节),即指针变量里面存放的地址值加4;如果如果指针指向一个双精度double类型变量的,那么指针加1意味着移动8个字节,即指针变量里面存放的地址值加8。另外,一个指针变量只能指向同一个类型的变量,不能忽面指向一个整型变量,忽而指向一个实型变量。

①同类型指针变量间赋值。同类型指针变量间赋值,就是使一个指针指向另外一个指针所指向的位置。

int i1, i2;
int * pi1 = &i1, * pi2 = &i2;
pi1 = pi2; // 指针间赋值

运行结果:

指针间赋值前:pi1 = 2002, pi2 = 2006
指针间赋值后:pi1 = 2006, pi2 = 2006

图8.6(a)为同类型指针变量间赋值的示意图。显然,pi1赋值后与pi2指向了同一位置。

②指针加/减小整数。如图8.6所示,指针加/减小整数表示指针在内存空间向下、上移动,移动的单位是其基类型的长度。这就是指针与普通整数之间的不同。

long int i, * pi;
double d, * pd;
pi = &i; pd = &d;

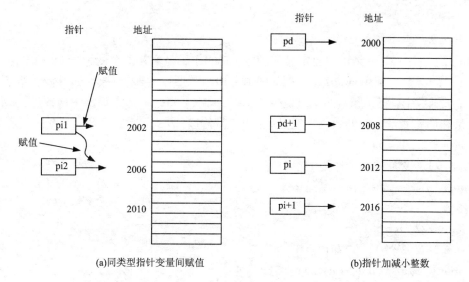

(a)同类型指针变量间赋值　　　　　　(b)指针加减小整数

图 8.6　指针移动示意图

printf("pi = %ld, pi + 1 = %ld\n", pi, pi + 1);

printf("pd = %ld, pd + 1 = %ld\n", pd, pd + 1);

运行结果：

pi = 2012, pi + 1 = 2016

pd = 2000, pd + 1 = 2008

图 8.6(b)是指针加/减小整数的示意图。它们说明，指针是一个含有基类型特征的地址，它的移动单位是基类型长度。

8.1.4　指针作为函数的参数

函数的参数不仅可以是整数、浮点型、字符型等数据，还可以是指针类型。

知识点 1：指针作为函数的参数，就是将一个变量的地址作为实参传递给另一个函数中的形参。

现在我们来分析下面三个例题各自实现的功能。

【例 8.8】　变量作为函数的参数。

```
main( )
{
  int a = 22, b = 55;
  swap1(a, b);
  printf("%d, %d\n", a, b);
}
swap1(int x, int y)
{
  int t;
```

```
    t = x;    x = y;    y = t;
}
```
输出: 22, 55

对程序说明: swap1 是用户自定义的函数, 它的作用是交换两个变量(x 和 y)的值。交换之前 a = 22, b = 55, 调用 swap1 后, 把 a 的值传递给了形参 x = 22, 把 b 的值传递给了形参 y = 55, 在子函数中, 将 x 和 y 两个值发生了交换, 即 x = 55, y = 22, 返回主函数后, C 语言中实参变量和形参变量之间的数据传递是单向的"值传递"方式, 所以变量 a 和 b 的值还是没有发生变量 a = 22, b = 55。

【例 8.9】 变量的地址作为的参数应用。

```
main( )
{
    int a = 22, b = 55;
    swap2(&a, &b); // 知识点 1
    printf("%d, %d\n", a, b);
}
swap2(int * p1, int * p2)
{
    int   t;
    t = * p1;    * p1 = * p2;    * p2 = t;
}
```
输出: 55, 22

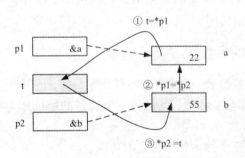

图 8.7   指针引用的变量交换

对程序的说明: 如图 8.7 所示, swap2 函数是交换两个变量的值。但是它的形参是定义了两个指针变量 p1 和 p2, 那么 p1 和 p2 是指针变量, 则接受的实参必须是地址, 所以在调用时, 实参是 &a, &b

即分别将 a 和 b 的地址传送给 p1 和 p2, 则 p1 指向了变量 a, p2 指向了变量 b, * p1 和变量 a 相当, * p2 和变量 b 相当, 子函数中将 * p1 和 * p2 中值发生交换, 其实就是将变量 a 和 b 中值发生交换, 最终主函数中 a = 55, b = 22。

【例 8.10】 变量的地址作为的参数应用。

```
main( )
```

```
{
    int a = 22, b = 55;
    swap3(&a, &b); //知识点1
    printf("%d, %d\n", a, b);
}
swap3(int * p1, int * p2)
{
    int * p;
    p = p1;    p1 = p2;    p2 = p;
}
```

输出：22，55

对程序的说明：如图 8.8 所示，同样 swap3 是用户自定义的函数，用来实现两个变量的交换，它的形参同样是指针变量 p1 和 p2，在进行调用时，分别将 a 和 b 的地址传递给了指针变量 p1 和 p2，则 p1 指向了变量 a，p2 指向了变量 b，子函数中定义了一个指针变量 p，那么 p 作为一个指针变量存储的当然是地址，程序中 p = p1；p1 = p2；p2 = p；将 p1 指向了变量 b，p2 指向了变量 a，由于只是改变了指针的指向，并没有改变指针做指向变量的内容，所以变量 a 和 b 的值还是没有发生变化。请注意，不能企图通过改变指针形参的值而使指针实参的值改变。

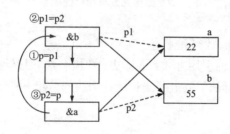

图 8.8 指针值交换

所以要使某个变量的值通过函数调用发生变化，必须做以下三步：

①在主调函数中，把该变量的地址作为实参；

②在被调函数中，用形参（指针）接受地址；

③在被调函数中，改变形参（指针）所指向变量的值。

8.2 指针与数组

8.2.1 数组元素的指针引用

知识点 1：一个变量有地址，一个数组包含若干个元素，每个数组元素都在内存中占用存储单元，它们都有相应的地址，且数组元素在内存地址是连续存储的，并通过下标引用数组元素。下标增 1，数据改变一个数据单元位置。

知识点 2：指针变量既然可以指向变量，当然也可以指向数组元素（把某一元素的地址放到一个指针变量中），可以通过指针的移动来引用连续的存储单元。

知识点 3：数组名代表数组首元素的地址，即是一个指针，当指向数组的指针获得了数组的首地址后，即可以通过移动指针来引用数组中的元素，任何用数组下标能够完成的操作均可以使用指针完成。如图 8.9 所示。

int * ap;

ap = &a[0]; //ap 指向数组 a 的首元素，或 ap = a;

元素 a[i]的地址 &a[i]、a + i、ap + i;

元素 a[i]相当于 ap[i]、*(a + i)、*(ap + i)。

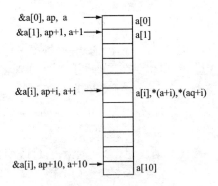

图 8.9　数组元素与指针的关系

知识点 4：掌握 C 语言的数组元素有三种引用方式。

C 语言的数组元素有三种引用方式：下标法、数组名法和指针变量法。请看下面的例子。

【例 8.11】　分别用下标法、数组名法和指针法访问数组 a 所有元素。

```
#include < stdio. h >
int main( void)
{
  int a[5] = {1, 3, 5, 7, 9}, i, * p;
  printf("下标法: ");
  for( i = 0; i < 5; i + +)
  printf ( "% d, ", a[i]);
  printf ( "\n 数组名法: ");
  for( i = 0; i < 5; i + +)
  printf ( "% d, ", * (a + i));
  printf ( "\n 指针变量法: ");
  for( p = a; p < a + 5; p + +)
  printf ( "% d, ", * p);
  printf ( "\n");
  return 0;
}
```

运行结果如下:

下标法:1,3,5,7,9,

数组名法:1,3,5,7,9,

指针变量法:1,3,5,7,9,

本例中存储单元采用了如图 8.10 所示的三种等价的引用方式:

· 下标法;

· 数组名法;

· 指针变量法。

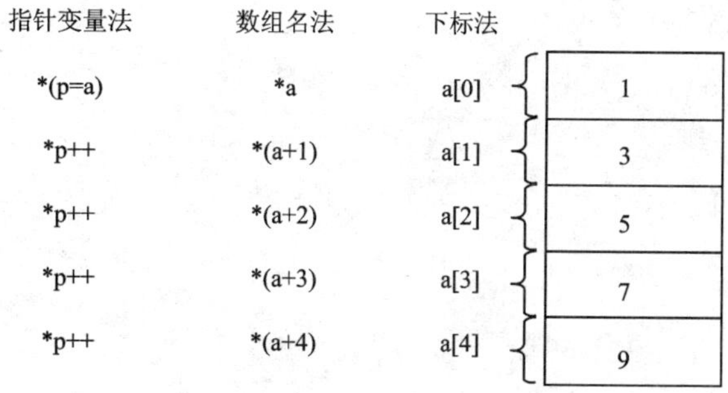

指针变量法	数组名法	下标法	
*(p=a)	*a	a[0]	1
*p++	*(a+1)	a[1]	3
*p++	*(a+2)	a[2]	5
*p++	*(a+3)	a[3]	7
*p++	*(a+4)	a[4]	9

图 8.10 数组元素的三种等价引用

分析:

(1)a 是数组名。数组名是数组首元素的地址(即第 1 个元素(a[0])的地址),在程序运行期间,它的值是不能改变的,因此它是一个指针常量。所以 a 不能进行 ++ 和 -- 运算。因为 ++ 和 -- 要求运算对象是一个左值表达式。因此,企图用以下的办法输出 a 数组中 5 个元素:

for (i = 0; i < 5; i++)

printf ("%d", a++);

是不行的。

p 是一个指向 int 类型数据(数组元素)的指针变量,因此可以进行 ++ 和 -- 运算。*p++ 相当于 *(p++),即先将指针指向下一个数据单元,再引用其值。

(2)由于使用指针变量法与使用下标法,从理论上说,可以不定义数组,直接使用指针。例如定义了

int *p;

然后使用 *p,进行数据存储。但是,如前所述,这是极为危险的。

当然使用数组也要注意"下标是否越界"问题。但是,数组已经定义了数组的大小,只要在这个范围内操作,还是安全的。但是,一个单纯的指针,并没有开辟存储空间,任何不适当的操作都会引起危险,所以这种方式应当限制使用。

(3)使用指向数组元素的指针变量时,应当注意指针变量的当前值。例如:

p = a;

for (i = 0; i < 5; i++)

```
scanf ("% d", p + + );
```

如果少写了第一个语句"p = a；"，则 p 的值并不是没有，而是一个不确定的值，它的指向是不确定的，有可能将输入的 5 个整数输入到难以预料的存储单元中去。这就可能会破坏系统的正常工作状态，这是很危险的，不小心会出现灾难性的后果。

知识点 5：掌握指针 p 访问数组的三种应用。

（1）采用 * p + + ;

```
main( )
{
  int a[ ] = {3, 5, 13, 32, 68}, * p = a;
  for( ; p < a + 5; )
  printf(" * p = % d\n", * p + + );
}
```

（2）采用 * (p + i);

```
main( )
{
  int a[ ] = {3, 5, 13, 32, 68}, * p = a, i;
  for(i = 0; i < 5; i + + )
  printf(" * p = % d\n", * (p + i);
}
```

（3）采用 p[i];

```
main( )
{
  int a[ ] = {3, 5, 13, 32, 68}, * p = a, i;
  for(i = 0; i < 5; i + + )
  printf(" * p = % d\n", p[i]);
}
```

【例 8.12】 冒泡排序。

（1）冒泡排序的基本思想。

起泡排序算法是交换排序算法中的一种。交换排序算法的基本思想是：按照某种原则，不断对数列中的一对对逆序（不符合排序要求）的数据进行比较交换，直到数列中不存在任何一对逆序的数据为止。例如要按照升序排列数据，则要通过交换，使任何一个数据前面没有比它大的数据。

冒泡排序算法的基本思想是：

通过依次对相邻的两个数据进行比较交换，使一个符合要求的数据被放到数列最后，成为已经排好序的数列的一个数据；在对没有排好序的数列进行两两比较交换，使又一个数据成为已经排好序的数列的一个数据；

  …

依此进行下去，直到比较交换最后的两个数据为止。

图 8.11 是对 5 个数据进行冒泡排序的过程。

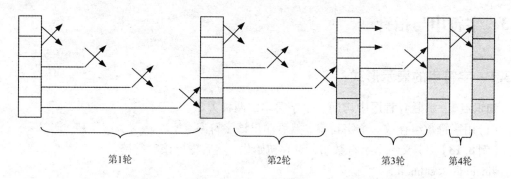

第1轮　　　　　　　第2轮　　　第3轮　第4轮

图 8.11　对 5 个数据进行冒泡排序的过程

由图 8.11 可以看出冒泡排序算法有如下一些特点：

· 每经过一轮比较交换，都使一个数据成为已经排好序序列（有灰色底的部分）中的一个数据。

· 若数组中有 N 个数据，则第 1 轮比较交换的次数为（N−1），第 1 轮比较交换的次数为（N−2），…，第 i 轮比较交换的次数为（N−i），…。共进行（N−1）轮比较交换。

冒泡排序法程序实现如下：

```
void   main (   )
{ void sort( int * queue, int n);
  int i, a[10];
  for( i = 0; i < 10; i + + )
  scanf( "% d", &a[i]);
  sort( a, 10);
  for( i = 0; i < 10; i + + )
    printf( "% d", a[i]);
  printf( "\n");
}
void sort( int * queue, int n)
{ int i, j, t;
  for( i = 1; i < n; i + + )
  for( j = 0; j < n − i; j + + )
  if( queue[j] > queue[j + 1])
  {   t = queue[j];
      queue[j] = queue[j + 1];
      queue[j + 1] = t;
  }
}
```

8.3 字符串与指针

8.3.1 字符串的表示形式

知识点 1：掌握 C 程序中访问一个字符串的两种方法。

(1)用字符数组存放一个字符串，然后输出该字符串。

【例 8.13】 定义一个字符数组，对它初始化，然后输出该字符串。

```
#include  < stdio. h >
void   main( )
{ char string[ ] = "I love China!" ; // 知识点 1
  printf( "% s\n" , string) ;
  printf( "% s\n" , string +7) ;
}
```

输出：I love China!

China!

和前面介绍的数组属性一样，string 是数组名，它代表字符数组的首元素的地址。string[4]代表数组中序号为 4 的元素(它的值是字符 v)，实际上 string[4]就是 *(string +4)，string +4 是地址，它指向字符"v"。

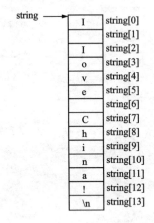

(2)用字符指针指向一个字符串。

可以不定义字符数组，而定义一个字符指针，用字符指针指向字符串中的字符。字符串是一个指针常量，它的值就是该字符串的首地址。

【例 8.14】 定义字符指针。

```
#include  < stdio. h >
void   main( )
{ char * string = "I love China!" ; // 知识点 1
  printf( "% s\n" , string) ;
```

　　｝

　　输出：I love China！

　　在这里没有定义字符数组，在程序中定义了一个字符指针变量 string，用字符串常量"I love China！"对它初始化。C 语言对字符串常量是按字符数组处理的，在内存中开辟了一个字符数组用来存放该字符串常量。对字符指针变量 string 初始化，实际上是把字符串第 1 个元素的地址（即存放字符串的字符数组的首元素地址）赋值给 string，有人误认为 string 是一个字符串变量，以为在定义时把"I love China！"这几个字符赋给该字符串变量，这是不对的。定义 string 部分：

　　char ＊ string ＝"I love China！"；

　　等价于下面两行：

　　char ＊ string；

　　string ＝"I love China！"；

　　可以看到 string 被定义为一个指针变量，指向字符型数据，请注意它只能指向一个字符变量或其他字符类型数据，不能同时指向多个字符数据，更不是把"I love China！"这些字符放到 string 中（指针变量只能存放地址，且为一个地址），也不是把字符串赋给 ＊ string。只是把"I love China！"的第 1 个字符的地址赋给指针变量 string。

　　% s 是输出字符串所用的格式符，在输出项中给出字符指针变量名 string，则系统先输出它所指向的一个字符数据，然后自动使 string 加 1，使之指向下一个字符，然后再输出一个字符，…如此直到遇到字符串结束符"\n"为止。

8.3.2　用指向字符串的指针作为函数参数

　　知识点 1：将一个字符串从一个函数传递到另外一个函数，可以用地址传递的办法，即用字符数组名作为参数，也可以用指向字符的指针变量作为参数。在被调用的函数中可以改变字符串的内容，在主调函数中可以得到改变了的字符串。

　　【例 8.15】　用函数调用实现字符串的复制。

　　（1）用字符数组作为参数。

```
#include < stdio. h >
void main( )
｛ void copy_string( char from[ ] , char to[ ] );
  char   a[ ] ＝"I am a teacher. ";
  char   b[ ] ＝"You are a student. ";
  printf( "string a ＝% s \nstring b ＝% s \n" , a , b );
  printf( "copy string a to string b： \n" );
  copy_string( a , b );        // 知识点 1 的第一个知识点
  printf( " \nstring a ＝% s \nstring b ＝% s \n" , a , b );
｝
void copy_string( char from[ ] , char to[ ] ) // 知识点 1 第一个知识点
｛ int i ＝0；
  while( from[ i ] ！ ＝ '\0')
```

```
        {to[i] = from[i]; i + + ; }
    to[i] = '\0';
}
```

程序运行结果如下：

string a = I am a teacher.

string b = You are a student.

string a = I am a teacher.

string b = I am a teacher.

a 和 b 是字符数组。

(2)用字符指针变量作为参数。

```
#include < stdio. h >
void main( )
{ void copy_string( char from[ ], char to[ ]);
    char  a[ ] = "I am a teacher. ";
    char  b[ ] = "You are a student. ";
    char *a = from, *b = to;
    printf( "string a = % s\nstring b = % s\n", a, b);
    copy_string(a, b);      // 知识点 1 第二个知识点
    printf( "string a = % s\nstring b = % s\n", a, b);
}
void copy_string( char * from, char * to )// 知识点 1 第二个知识点
{
    for( ; * from! = '\0'; from + + , to + + )
    * to = * from;
    * to = k' \0';
}
```

程序运行结果如下：

string a = I am a teacher.

string b = You are a student.

string a = I am a teacher.

string b = I am a teacher.

形参 from 和 to 都是字符指针变量。

主函数还可以写成下面这种形式：

```
#include < stdio. h >
void main( )
{ void copy_string( char from[ ], char to[ ]);
    char *a = "I am a teacher. ";
    char b[80] = "You are a student. ";
    printf( "string a = % s\nstring b = % s\n", a, b);
```

94

```
copy_string(a, b);
printf("string a = % s\nstring b = % s\n", a, b);
}
```

注意：数组 b 要有足够的存储空间。

8.3.3 字符指针变量与字符数组的区别

知识点 1：字符指针变量与字符数组的区别

下面定义了一个字符指针变量 cp 和一个字符数组 str[20]，我们从以下四个方面来区分它们：

字符指针变量 char * cp;

字符数组 char str[20];

(1)字符数组 str 由 20 个元素组成，每个元素放一个字符；而指针变量 cp 中只能存放一个地址值。

(2)定义了字符数组 char str[20]；我们可以给它初始化，例如 char str[20] = "I love China!"但是下面的初始化时错误的，char str = "I love China!"；字符指针变量缺不同，在定义了一个字符指针变量 char * cp;后我们可以让指针变量 cp 指向一个字符串，例如：cp = "I love China!"，表示将字符串的首地址给了指针变量 cp，也就是指针变量 cp 指向了该字符串，可以使用语句 cp + +;指向下一个字符。

(3)str 是地址常量，是字符串的首地址，str + +;是错误的表达形式，但是 str + 1;是正确的表达形式，它表示数组元素 str[1]的地址；而 cp 是地址变量，可以实现 cp + +等操作。

(4)cp 接收键入字符串时，必须先开辟存储空间。

例如：

char str[10];

scanf("% s", str);是正确的。

而

char * cp;

scanf("% s", cp);是错误的，可以改成下面这样：

char * cp, str[10];

cp = str;

scanf("% s", cp);

本章小结

(1)一个程序一经编译，在其执行过程中，就会为变量、数组以及函数分配存储空间。

(2)所谓指向就是通过地址来体现的。

(3)在 C 语言中，将地址形象化地称为"指针"。

(4)普通的变量可以用来存放数值(如整数、实数等)，也可以用来存放地址(另一个变量的地址)，这种专门用于存储指针(地址)的变量就称为指针变量。

(5)指针和所指向的存储单元(变量)之间可以进行两种运算："*"和"&"。

（6）当一个指针变量被初始化或被赋值后，它就指向一个特定的变量。这时，就可以使用指针访问它所指向的内存空间。在 C 语言中使用指针访问它所指向的内存空间的方法是在指针变量名前加一个"＊"号。

（7）指针作为函数的参数，就是将一个变量的地址作为实参传递给另一个函数中的形参。

（8）在 C 程序中，可以用两种方法访问一个字符串。

（9）将一个字符串从一个函数传递到另外一个函数，可以用地址传递的办法，即用字符数组名作为参数，也可以用指向字符的指针变量作为参数。在被调用的函数中可以改变字符串的内容，在主调函数中可以得到改变了的字符串。

习　题

8.1　单项选择题：

（1）对于说明 double x，＊p；正确的表达式是：（　　）。

（A）p = &x　　　　　（B）p = x　　　　　（C）＊p = &x　　　　　（D）＊p = x

（2）变量的指针，其含义是指该变量的（　　）。

（A）值　　　　　　　（B）地址　　　　　（C）名　　　　　　　（D）一个标志

（3）若已有说明 float ＊p，m = 3.14；要让 p 指向 m，则正确的赋值语句是（　　）。

（A）p = m；　　　　（B）p = &m；　　　（C）＊p = m；　　　　（D）＊p = &m；

（4）若已定义 int a = 5；下面对①，②两个语句的正确解释是（　　）。

① int ＊p = &a；　② ＊p = a；

（A）语句①和②中的＊p 含义相同，都表示给指针变量 p 赋值

（B）①和②语句的执行结果，都是把变量 a 的地址值赋给指针变量 p

（C）①在对 p 进行说明的同时进行初始化，使 p 指向 a
　　　②将变量 a 的值赋给指针变量 p

（D）①在对 p 进行说明的同时进行初始化，使 p 指向 a
　　　②将变量 a 的值赋于＊p

（5）设有下面的程序段：

char s[ ] = "china"；char ＊p；p = s；

则下列叙述正确的是（　　）。

（A）s 和 p 完全相同

（B）数组 s 中的内容和指针变量 p 中的内容相等

（C）s 数组长度和 p 所指向的字符串长度相等

（D）＊p 与 s[0]相等

（6）有如下语句 int a = 10，b = 20，＊p1，＊p2；p1 = &a；p2 = &b；若要让 p1 也指向 b，可选用的赋值语句是（　　）。

（A）＊p1 = ＊p2；　　（B）p1 = p2；　　　（C）p1 = ＊p2；　　　（D）＊p1 = p2；

（7）已设 p1 和 p2 为指针变量，且已指向同一个整型数组中的元素，a 是一个整型变量，问下面哪一个语句不能正确执行（　　）。

（A）a = ＊p1　　　　　　　　　　　　　（B）a = ＊p1 + ＊p2

(C) a = ＊p1 － ＊p2　　　　　　　　(D) p1 = a － p2

(8)有一个二维数组 a[3][4], 2 行 3 列元素的正确表示方法为(　　)。

(A) &a[2][3]　　　　　　　　　　(B) a[2] +3

(C) ＊(a +2) +3　　　　　　　　　(D) ＊(a[2] +3)

(9)若有语句:int a =4, ＊p = &a; 下面均代表地址的一组选项是(　　)。

(A) a, p, & ＊a　　　　　　　　　(B) ＊&a, &a, ＊p

(C) &a, p, & ＊p　　　　　　　　(D) ＊&p, ＊p, &a

(10)以下程序段的输出结果为: (　　)。

char a[ ] = "Program", ＊ptr;

　　　　ptr = a;

　　　　for (; ptr < a +7; ptr + =2)putchar(＊ptr);

(A) Program　　　　(B) Porm　　　　(C) 有语法错误;　　　　(D) Por

8.2　下面程序的作用是, 将两个变量中的值互换, 请检查程序是否正确, 如不正确的, 请改正。

```
#include < stdio. h >
void main (   )
{int a =3, b =4;
int  ＊p1 , ＊p2 , ＊p;
  p1 = &a, p2 = &b;
p = p1; p1 = p2; p2 = p;
printf("a = % d, b = % d\n", a, b);    }
```

8.3　阅读程序, 指出程序的执行结果。

(1)

```
#include < stdio. h >
main( )
{
int n =10, ＊p = &n;
＊p =5;
printf("% d\n", n);
}
```

运行结果: _____

(2)

```
#include  < stdio. h >
void main( )
{int s[ ] ={1, 2, 3, 4, 5, 6, 7, 8, 9}, ＊p;
p = s;
＊(p +5) =22;
p + +;
printf ("% d, % d\n", ＊p, ＊(p +4));
```

```
}
```
运行结果:_____

（3）
```
#include "stdio.h"
#include "string.h"
void main()
{char a[30] = "nice to meet you!";
int b;
b = strlen(a) - 9;
strcpy(a + b, "you");
printf("%s\n", a);
}
```
运行结果:_____

（4）
```
#include <stdio.h>
void fun(int *a, int *b)
{ int k;
k = 5;
*a = k;
*b = *a + k; }
void main()
{ int *a, *b, x = 10, y = 15;
a = &x;
b = &y;
fun(a, b);
printf("%d, %d\n", *a, *b);
printf("%d, %d\n", x, y); }
```
运行结果:_____

（5）
```
#include <stdio.h>
void main()
{int a[10] = {9, 8, 7, 6};
int *p;
p = a;
printf("%d, %d\n", *p, *(p + 2));
}
```
运行结果:_____

（6）
```
#include "stdio.h"
```

```
void main( )
{int c[6] = {1, 2, 3, 4, 5, 6};
  int *p;
  p = c;
  printf("%d, ", * + +p);
  p = p +3;
  printf("%d\n", *p - -);
}
```
运行结果:_____
(7)
```
#include <stdio.h>
#include <string.h>
void fun(char *s)
{ int i; char a[10] = "opqrst";
  for(i =0; a[i]! = '\0'; i + +)
    *(s + i) = a[i];
}
void main( )
{ char *p, a[ ] = "abcdef";
  p = a;
  fun(p);
  printf("%s", p);
}
```
运行结果:_____
(8)
```
#include <stdio.h>
#include <string.h>
void fun(char *s)
{ char a[10];
  strcpy(a, "opqrst");
  s = a;
}
void main( )
{ char *p, a[ ] = "abcdef";
  p = a;
  fun(p);
  printf("%s", p);   }
```
运行结果:_____

(9)
```c
#include < stdio. h >
void fun( char * s)
{ s = "opqrst";
}
void main( )
{ char * p = "abcdef";
fun( p);
printf( "% s", p);
}
```
运行结果: _____

8.4　从键盘输入三个整数, 然后按由大到小顺序输出三个数。

8.5　有 n 个人围成一圈, 顺序排号, 从第 1 个人开始报数, 从 1 报到 3, 凡是报到 3 的人退出圈子, 问最后留下的是原来报第几号的人?

附录 A　常用字符与 ASCII 代码对照表

ASCII 值	控制字符	ASCII 值	字符	ASCII 值	字符	ASCII 值	字符
000	NUL	032	（space）	064	@	096	`
001	SOH	033	!	065	A	097	a
002	STX	034	"	066	B	098	b
003	ETX	035	#	067	C	099	c
004	EOT	036	$	068	D	100	d
005	END	037	%	069	E	101	e
006	ACK	038	&	070	F	102	f
007	BEL	039	´	071	G	103	g
008	BS	040	(	072	H	104	h
009	HT	041	)	073	I	105	i
010	LF	042	*	074	J	106	j
011	VT	043	+	075	K	107	k
012	FF	044	,	076	L	108	l
013	CR	045	−	077	M	109	m
014	SO	046	。	078	N	110	n
015	SI	047	/	079	O	111	o
016	DLE	048	0	080	P	112	p
017	DC1	049	1	081	Q	113	q
018	DC2	050	2	082	R	114	r
019	DC3	051	3	083	S	115	s
020	DC4	052	4	084	T	116	t
021	NAK	053	5	085	U	117	u
022	SYN	054	6	086	V	118	v
023	ETB	055	7	087	W	119	w
024	CAN	056	8	088	X	120	x
025	EM	057	9	089	Y	121	y

续表

ASCII 值	控制字符	ASCII 值	字符	ASCII 值	字符	ASCII 值	字符
026	SUB	058	:	090	Z	122	z
027	ESC	059	;	091	[	123	{
028	FS	060	<	092	\	124	¦
029	GS	061	=	093	]	125	}
030	RS	062	>	094	∧	126	~
031	US	063	?	095	_	127	DEL

附录 B　C 语言中的关键字

auto	break	case	char	const
continue	default	do	double	else
enum	extern	float	for	goto
if	inline	int	long	register
restrict	return	short	signed	sizeof
static	struct	switch	typedef	union
unsigned	void	volatile	while	_bool
_complex	_Imaginary			

参考文献

[1] 谭浩强.C程序设计教程(第2版)[M].北京:清华大学出版社,2013.

[2] 胡忭利,范翠香.C语言程序设计教程[M].北京:中国铁道出版社,2010.

[3] 李泽中,孙红艳.C语言程序设计(第2版)[M].北京:清华大学出版社,2012.

[4] 李小遐.C语言程序设计与实训教程[M].北京:北京理工大学出版社,2008.

[5] 马磊.C语言入门很简单[M].北京:清华大学出版社,2012.

[6] 冯林.C语言程序设计教程[M].北京:高等教育出版社,2015.

[7] 张书云.C语言程序设计[M].北京:中国铁道出版社,2008.

[8] 余明艳,潘黎阳.C语言程序设计项目教程[M].大连:东软电子出版社,2014.

[9] 高福成.C语言程序设计(第2版)[M].北京:清华大学出版社,2009.

[10] 周静.C语言程序设计实例教程[M].北京:中国人民大学出版社,2011.

[11] 唐懿芳.C语言程序设计基础项目教程[M].北京:清华大学出版社,2013.

图书在版编目(CIP)数据

C 语言程序设计项目教程/侯聪玲,杨燕明主编.
—长沙:中南大学出版社,2016.7
ISBN 978 – 7 – 5487 – 2268 – 7

Ⅰ.C... Ⅱ.①侯...②杨... Ⅲ.C 语言 – 程序设计 – 高等职业教育 – 教材 Ⅳ.TP312

中国版本图书馆 CIP 数据核字(2016)第 104902 号

C 语言程序设计项目教程
C YUYAN CHENGXU SHEJI XIANGMU JIAOCHENG

侯聪玲 杨燕明 主编

□责任编辑	刘　辉
□责任印制	易红卫
□出版发行	中南大学出版社
	社址:长沙市麓山南路　　　　邮编:410083
	发行科电话:0731-88876770　　传真:0731-88710482
□印　　装	长沙市宏发印刷有限公司

□开　　本	787×1092　1/16　□印张 7　□字数 170 千字
□版　　次	2016 年 7 月第 1 版　　□印次　2016 年 7 月第 1 次印刷
□书　　号	ISBN 978 – 7 – 5487 – 2268 – 7
□定　　价	20.00 元